国家中等职业教育改革发展示范学校建设项目成果

网页效果图设计

主　编　严建辉

副主编　吴多万

参　编　陈武钗　张树霞　邱佳琳

　　　　罗冬阳　冯昌正　何意满

机械工业出版社

本书模拟出 3 种不同的职场情景，即个人博客效果图设计、艺术团网页效果图设计、淘宝店效果图设计，以学习任务的形式详细解析了 Photoshop 软件中图像的基本操作、选区、绘画与照片修饰、颜色与色调调整、滤镜等功能，深入剖析图层、蒙版和通道等软件核心功能与应用技巧，涵盖了 Photoshop 中的大部分工具和命令。书中的任务具有针对性，不仅可以帮助读者轻松掌握软件的使用方法，能完成网页中 Logo、Banner、导航、特效字等的制作，更能掌握网页中的色彩搭配、网页布局、网页效果图制作流程等，以满足实际工作的需要。

　　本书可以作为技工院校、职业院校计算机网络技术及相关专业教材，也可作为图像处理和平面设计初、中级读者的学习用书，还可以作为网站开发相关专业及平面设计专业的参考用书。

　　本书配有授课用电子课件，可登记机械工业出版社教材服务网（www.cmpedu.com）以教师身份免费注册下载或联系编辑（010-88379194）咨询。

图书在版编目（CIP）数据

网页效果图设计/严建辉主编. —北京：机械工业出版社，2013.7（2016.9 重印）
ISBN 978-7-111- 43098- 8

Ⅰ.①网… Ⅱ.①严… Ⅲ.①网页制作工具 Ⅳ.①TP393.092

中国版本图书馆 CIP 数据核字（2013）第 146068 号

机械工业出版社（北京市百万庄大街 22 号 邮政编码 100037）
策划编辑：梁　伟 责任编辑：梁　伟 王晓艳
封面设计：路恩中 责任印制：常天培
北京中兴印刷有限公司印刷
2016 年 9 月第 1 版第 2 次印刷
184mm×260mm ·9 印张·212 千字
2 001— 2 800 册
标准书号：ISBN 978-7-111- 43098-8
定价：29.00 元

前　言

Photoshop CS3 由 Adobe 公司开发设计，具有易用、易懂的操作界面以及完善的图像处理功能，是目前应用最广泛的图像处理软件之一，被广泛应用于网页制作、广告设计、图文出版等行业。

网络已经成为人们工作和生活中相互沟通的平台，同时在世界范围内对商业、广告业、信息业和通信业产生了深远的影响。通过利用网络资源，企业可以宣传产品，政府可以发布政策法规，学校可以为学生提供教学信息，网络公司大力开发门户网站等。为了使网站能够吸引越来越多的用户，需要运用好网页视觉设计的知识，这就要求网页学习者和从业者补充更多艺术设计方面的知识，加强这方面的训练。因此，网页效果图设计成为网页视觉设计方面必备的学习课程。

网页效果图设计是网站建设的第一个环节，是网站是否能发挥媒介作用的关键一步，往往一个设计完美的页面才能成功吸引网页浏览者的注意和兴趣。本书以真实的职场任务介绍了网页效果图设计与制作流程，以 Photoshop CS3 为设计工具，以网页的版式设计、色彩搭配、网页元素设计、内容组织为核心，讲解了网页效果图设计的全过程，过程体现了一体化课堂过程的六步骤。

学习任务及课时安排：

序号	学习任务名称	理论学时	实操学时	总学时
1	个人博客效果图设计	6	30	36
2	艺术团网页效果图设计	6	30	36
3	淘宝店效果图设计	6	36	42
	总计	18	96	114

本书由广州市工贸技师学院严建辉任主编，由吴多万任副主编，陈武钗、张树霞、邱佳琳、罗冬阳、冯昌正、何意满参与了编写。本书在编写过程中得到了机械工业出版社、广州市工贸技师学院教研室及广州市工贸技师学院信息工程系所有领导和老师的大力支持和帮助，在此表示衷心的感谢！

由于编者水平有限，书中偏颇在所难免，祈望专家、学者不吝赐教。

编　者

个人信息

　　请使用下面提供的椭圆选框，经过设计后，把以下信息写进框内，当然也可以直接设计个人名片，因为网页设计师是不可缺少一张有气场的名片的！

　　（个人标识、班级、姓名、性别、联系电话、班主任、"我的小组伙伴"、学习目标等）

目　录

计。好的 UI 设计不仅要让软件变得有个性、有品味，还要让软件的操作变得舒适、简单、自由，充分体现软件的定位和特点。

 引导问题 2　学习本课程可从事的岗位有哪些？

- UI 设计的岗位需求：用户界面设计师（UI Developer）。
- 平面设计师。
- 交互设计师。
- 网站前端 UI 美工。
- Web 网页 UI 工程师。
- 前端工程师。
- Web 页面工程师。
- 网络营销技术员。
- 产品设计。

 引导问题 3　以下网页界面你熟悉吗？请填写各网页的名称，见表 1-1。

表 1-1　网页界面

（续）

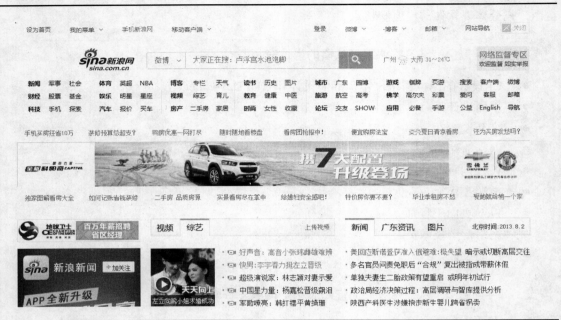

 引导问题 4 在表 1-2 中选出你认为可以用于设计网页界面的软件。

表 1-2 网页界面设计的软件

引导问题 5　在众多设计软件中，选择 Photoshop 软件进行学习，你对 Photoshop 软件熟悉吗？

_____

_____

_____

小贴士：网页设计制作软件

　　Photoshop 是美国 Adobe 公司开发的一个跨平台的平面图像处理软件，目前最新的版本是 Photoshop CS5。多数人对于 Photoshop 的了解仅限于"一个很好的图像编辑软件"，并不知道它的诸多应用方面。实际上，Photoshop 除了在平面广告设计领域有广泛的应用外，在网页与界面设计领域同样有着广泛的应用，是专业设计人员的首选软件。

　　Photoshop 经历的版本图标，见表 1-3。

表 1-3　Photoshop 图标

Photoshop 1.0	Photoshop 2.0	Photoshop 3.0	Photoshop 4.0～6.0	Photoshop 7.0
Photoshop CS	Photoshop CS2	Photoshop CS3	Photoshop CS4	Photoshop CS5

　　你会选择哪个版本的软件呢？为什么？

_____

_____

_____

_____

_____

_____

引导问题 6 认识 Photoshop 软件启动的界面，见表 1-4。

表 1-4 Photoshop 软件各版本启动界面

 引导问题 7 打开 Photoshop 软件，了解 Photoshop 工作界面的组成部分，然后完成填空。

Photoshop 工作界面组成，如图 1-1 所示。

图1-1 Photoshop工作界面组成

查询与收集

完成图 1-2 并填空。

图1-2 填空

引导问题 8　对照图 1-3，思考：工具箱分为几种类型的组？

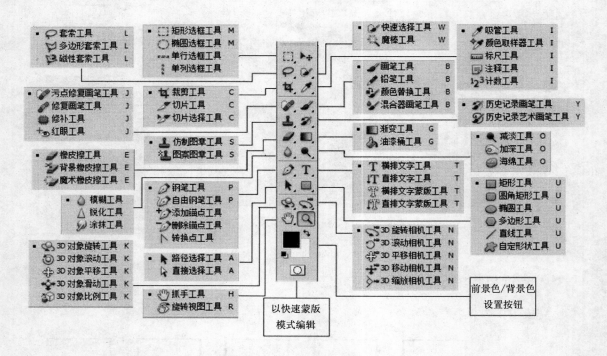

图1-3　Photoshop工具箱

 小贴士：Photoshop 工具箱中工具解释

1. 选框工具（M）

选框工具（见图 1-4）包含了矩形选框工具、椭圆选框工具、单行选框工具、单列选框工具。

（1）矩形选框工具

选取该工具后在图像上拖动鼠标可以确定一个矩形的选取区域，可以在选项面板中将选区设定为固定的大小。如果在拖动鼠标的同时按下<Shift>键可将选区设定为正方形。

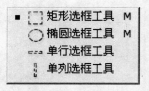

图1-4　选框工具

（2）椭圆选框工具

选取该工具后在图像上拖动鼠标可确定椭圆选框工具。如果在拖动的同时按下<Shift>键可将选区设定为圆形。

（3）单行选框工具

选取该工具后在图像上拖动可确定单行（一个像素高）的选取区域。

（4）单列选框工具

选取该工具后在图像上拖动可确定单行（一个像素宽）的选取区域。

在使用工具时选框工具栏中有以下几个小工具。

- 新选区：默认初始状态。
- 增加选区（<Shift>）：当画完一个选区时，要在选区中再增加一个选区时使用。
- 减去选区（<Alt>）：当画完一个选区时，要在选区中再减去一个选区时使用。
- 相交选区（<Shift+Alt>）：留下两个选区相交部分的选区，删除不相交的选区。
- 羽化（<Ctrl+Alt+D>）：将选框中的物体外围颜色逐渐进行淡化，使之看不出修改痕迹。
- 样式。正常，自由变换选区大小；固定比例，可设置选框长与宽的固定比例；固定大小，可设置选框长与宽的固定大小。

2．移动工具（V）

移动工具（见图 1-5）用于移动选取区域内的图像。如果有选区，并且鼠标在选区中则移动选区内容，否则移动整个图层。

图1-5　移动工具

（1）对齐（在文件下方工具栏的最后面）：使用于两个或两个以上的图层，让其对齐。

（2）分部（在文件下方工具栏的最后面）：与对齐的使用情况类似。

3．套索工具（L）

（1）套索工具（见图 1-6）用于通过鼠标等设备在图像上绘制任意形状的选取区域（手动选择）。

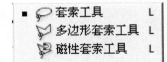

图 1-6　套索工具

（2）多边形套索工具：用于在图像上绘制任意形状的多边形选取区域（手动选择）。

（3）磁性套索工具：用于在图像上选取具有一定颜色属性的物体的轮廓线上的路径（自动捕捉边缘），当捕捉到多余的颜色时可用<Backspace>（退格）键恢复到上一步。

在使用工具时工具栏中有以下几个小工具。

- 新选区：默认初始状态。
- 增加选区（<Shift>）：当画完一个选区时，要在选区中再增加一个选区时使用。
- 减去选区（<Alt>）：当画完一个选区时，要在选区中再减去一个选区时使用。
- 相交选区（<Shift+Alt>）：留下两个选区相交的选区，删除不相交的选区。
- 羽化（<Ctrl+Alt+D>）：将选框中的物体外围颜色逐渐进行淡化，使之看不出修改痕迹。

4．魔棒和快速选择工具（W）

（1）快速选择工具：选择具有相近属性的连续像素点为选取区域，如图 1-7 所示。

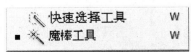

图1-7　摩棒和快速选择工具

"["与"]"这两个符号可以使快速魔棒的选择区域变化

大小。

（2）魔棒工具：用于将图像上具有相近属性的像素点设为选取区域，可以是连续的或不连续的内容。

在使用工具时，工具栏中有以下几个小工具。

● 新选区：默认初始状态。

● 增加选区（<Shift>）：当画完一个选区时，要在选区中再增加一个选区时使用。

● 减去选区（<Alt>）：当画完一个选区时，要在选区中再减去一个选区时使用。

● 相交选区（<Shift+Alt>）：留下两个选区相交的部分选区，删除不相交的部分选区。

5．裁剪工具（C）

裁剪工具用于从图像上裁剪需要的图像部分，对图形文件所有图层裁剪，对于裁剪区域外的一切都删除，如图 1-8 所示。

图1-8　裁剪工具

6．切片工具（K）

该工具只用于网页制作，在其他场合基本不使用。切片工具包含一个切片工具和一个切片选取工具，如图 1-9 所示。

（1）切片工具：选定该工具后，在图像工作区拖动图形将分成若干个切片区域。

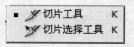

图1-9　切片工具

（2）切片选择工具：选定该工具后，在切片上单击可选中该切片，如果在单击的同时按下<Shift>键可同时选取多个切片。

使用"文件"→"存储为"命令存储 Web 格式，可以将一张图片分成若干张图片。

7．图像修复工具（J）

图像修复工具如图 1-10 所示。

（1）污点修复画笔工具：自动修复瑕疵部分，主要用于对大图片中出现的小范围的污点进行修复。

注意：在原地自行修补，修图时尽量把图片放大。

图1-10　图像修复工具

（2）修复画笔工具：要先取样（按住<Alt+鼠标左键>单击选择），再修复（取样时选择的点是固定点）。

（3）修补工具：取一定范围对另一个范围进行修补（使用时不要将透明选中）。

注意："源"将不要的污点放到干净的地方清除污点。"目标"将干净的地方放到不要的污点地方清除污点。

（4）红眼工具：用于去掉眼睛中的红色区域（自动将眼睛中的红色去色加深，增加对比度）。

8．画笔工具（B）

画笔工具集包括画笔工具和铅笔工具（见图 1-11），它们也可用于在图像上作画。

（1）画笔工具：用于绘制具有画笔特性的线条（如像用毛笔写的

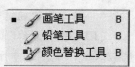

图1-11　画笔工具

字体一样，笔画柔软）。

（2）铅笔工具：具有铅笔特性的绘线工具，绘线的粗细可调（像用铅笔写的字体一样，笔画僵硬）。

（3）颜色替换工具：用于对图像中的特定颜色进行替换。

9．仿制图章和图案图章工具（S）

（1）仿制图章工具：用于将图像上用图章擦过的部分复制到图像的其他区域，要先取样（按<Alt>键并同时单击鼠标左键选择）（见图1-12）。

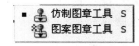

图1-12　仿制图章和图案图章工具

（2）图案图章工具：用于复制设定的图像。

10．历史画笔工具（Y）

历史画笔工具（见图1-13）包含历史记录画笔工具和历史记录艺术画笔。

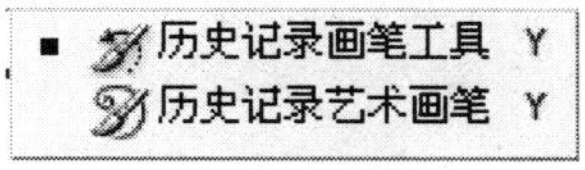

（1）历史记录画笔工具：用于恢复图像中被修改的部分（直接还原图片的初始状态）。

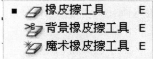

图1-13　历史画笔工具

（2）历史记录艺术画笔：用于使图像中画过的部分产生模糊的艺术效果（还原中将原始图像模糊化）。

11．橡皮擦工具（E）

（1）橡皮擦工具（见图1-14）：用于擦除图像中不需要的部分，并在擦过的地方显示背景图层的内容（手工选择擦除区域，使用的是调色板中背景色的颜色）。

图1-14　橡皮擦工具

（2）背景橡皮擦工具：用于擦除图像中不需要的部分，并使擦过区域变成透明(手工选择擦除区域，将图片中的颜色擦除使之变成格子画布的背景）。

注意：

①一次（<Shift>）：只选择一种颜色擦除，其他颜色不动。

②取样（<Alt>）：先取要留的颜色，然后将不要的颜色擦掉（取到要留的颜色会在调色板的背景色中显示出来）。

（3）魔术橡皮擦工具：用于擦除图像中不需要的部分，并使擦过区域变成透明（自动选择擦除区域，将颜色相近的地方一起擦除）。

12．渐变工具与油漆桶工具（G）

（1）渐变工具（见图1-15）：在工具箱中选中"渐变工具"后，在选项面板中可再进一步选择具体的渐变类型（可与选区工具配合使用）。

图1-15　渐变工具和油漆桶工具

（2）油漆桶工具：用于在图像的确定区域内填充前景色（可以填充整个图形）。

13．模糊、锐化、涂抹工具（R）

使用时注意颜色的亮度与位置（见图1-16）。

（1）模糊工具：选用该工具后，光标在图像上划动时可使画过的图像变得模糊。

图1-16　模糊、锐化、涂抹工具

（2）锐化工具：选用该工具后，光标在图像上划动时可使画过的图像变得更清晰（当超过一定亮度后，图像区域会变成像素化）。

（3）涂抹工具：选用该工具后，光标在图像上划动时可使画过的图像变形（如修改照片时可用于丰满脸颊或者瘦脸）。

14．路径工具（A）

（1）路径选择工具：用于选取已有路径，然后进行整体位置调节（见图1-17）。

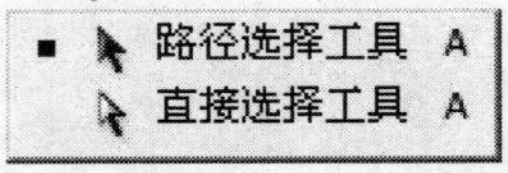

（2）直接选择工具：用于调整路径上部分路径点的位置。

图1-17　路径工具

15．钢笔工具（P）

（1）钢笔工具：用于绘制路径，选定该工具后，在要绘制的路径上依次单击，可将各个单击点连成路径（<Ctrl>：移动改变路径的位置；<Alt>：改变路径线的形状；<Ctrl+Enter>：可以将路径变成选框）。

（2）自由钢笔工具：用于手绘任意形状的路径，选定该工具后，在要绘制的路径上拖动，即可画出一条连续的路径。

（3）添加锚点工具：用于增加路径上的路径点。

（4）删除锚点工具：用于减少路径上的路径点。

（5）转换点工具：使用该工具可以在平滑曲线转折点和直线转折点之间进行转换，（见图1-18）。

16．文字工具（T）

图1-18

（1）横排文字工具：用于在水平方向上添加文字图层或放置文字。

（2）直排文字工具：用于在垂直方向上添加文字图层或放置文字。

（3）横向文字蒙版工具：用于在水平方向上添加文字图层蒙版。

（4）直排文字蒙版工具：用于在垂直方向上添加文字图层蒙版。

文字工具可以跟路径工具一起使用（见图1-19）。

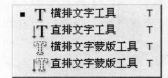

17．多边形工具（U）

（1）矩形工具：选定该工具后，在图像工作区内拖动可产生一个矩形图形。

图1-19　文字工具

（2）圆角矩形工具：选定该工具后，在图像工作区内拖动可产生一个圆角矩形图形。

（3）椭圆工具：选定该工具后，在图像工作区内拖动可产生一个椭圆形图形。

（4）多边形工具：选定该工具后，在图像工作区内拖动可产生一个6条边等长的多边形图形。

（5）直线工具：选定该工具后，在图像工作区内拖动可产生一条直线。

（6）自定形状工具：选定该工具后，在图形工作区内拖动可产生一个星状多边形图形。

18．注释工具（N）

（1）注释工具：用于生成文字形式的附加注释文件。

（2）语音注释工具：用于生成音频形式的附加注释文件（不用）。

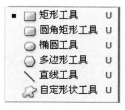

图1-20　多边形工具

19．吸管与测量工具（I）

（1）吸管工具：用于选取图像上光标单击处的颜色，并将其作为前景色。

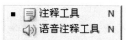

图1-21　注释工具

（2）颜色取样器工具：用于取色对比。

（3）度量工具：选用该工具后在图像上拖动，可画出一条线段，在选项面板中则显示出该线段起始点的坐标、始末点的垂直高度、水平宽度、倾斜角度等信息。

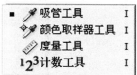

图1-22　吸管与测量工具

（4）计数工具：用于计算个数。

20．抓手工具（H）

抓手工具（见图 1-23）用于移动图像处理窗口中的图像，以便对显示窗口中没有显示的部分进行观察。

图1-23　抓手工具

21．放大镜工具（缩放工具）（Z）

放大镜工具（见图1-24）用于放大或缩小图像处理窗口中的图像，以便进行观察和处理。

图1-24　放大镜工具

22．屏幕切换工具（F）

屏幕切换工具（见图1-25）用于屏幕模式转换。

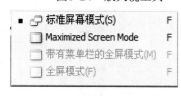

 练习

图1-25　屏幕切换工具

请根据以下图示步骤，练习在 Photoshop 软件中打开一个图片文件。

（1）鼠标双击桌面图标（见图1-26）。

图1-26　桌面图标

（2）桌面上出现 Photoshop CS3 启动界面（见图1-27）。

（3）进入 Photoshop CS3 主界面，如图1-28 所示。

（4）鼠标单击文件展开列表，如图1-29 所示。

图1-27 Photoshop CS3启动界面

图1-28 Photoshop CS3主界面

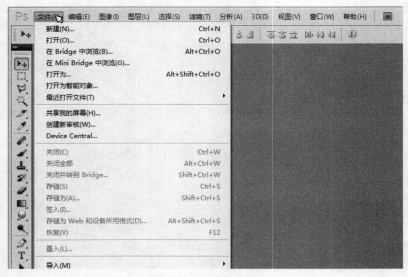

图1-29 文件列表

（5）在文件展开的列表中用鼠标单击"打开"，系统弹出图片选择界面，如图 1-30 所示。

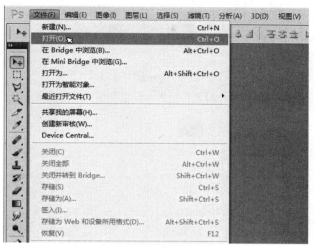

图1-30　图片选择界面

（6）选择需要打开的图片的存储路径，如图 1-31 所示。

（7）找到所需要的图片后，鼠标单击图片可以查看图片的缩略图，便于用户进行选择，如图 1-32 所示。

图1-31　选择存储路径

（8）鼠标选中想要打开的图片后，单击界面上的"打开"按钮，操作完成后的结果如图 1-33 所示。

图1-32　缩略图显示

图1-33　打开图片

（9）在 Photoshop CS3 中打开图片，操作完毕，如图 1-34 所示。

图1-34　完成操作

请根据以上操作步骤，完成 Photoshop 软件的打开和图片的打开。

 查询与收集

请利用网络资料，查询图片文件有哪些格式，网页上常用的图片文件格式有哪些，并记录下来。

_____

_____

_____

_____

_____

_____

_____

_____

小贴士：查找资料的方法

www.zcool.com.cn
www.tooopen.com
www.sccnn.com
www.psjia.com

学习评价

表 1-5　学习活动 1 考核评价表

项 目 内 容	要　求
与用户交流	1．是否充分听取用户的意见 　　□ 是　　　　□ 否 2．记录的信息是否完整合理 　　□ 是　　　　□ 否
案例分析	是否具体合理 　　□ 是　　□ 否
收集资料	是否整理并作为学习材料 　　□ 整理　　□ 学习材料
网页美化工具应用	是否熟练制作效果并达标 　　□ 是　　□ 否　　□ 一般
代表讲解	语言表达能力（清晰、生动） 　　□ 好　　□ 一般　　□ 有待提高
建议	
教师评定	

学习活动 2　收集网站资料，制作网站 LOGO

学习目标

1．能根据案例，填写需求分析单。

2．小组能制订网页效果图设计流程。

3．能分析给出的网页效果图案例。

4．能学会 Photoshop 工具箱及工具的使用。

5．能根据实例，用 Photoshop 工具箱制作网站 LOGO。

建议学时：18 学时。

学习过程

❓ 引导问题 1　结合真实案例，小组完成任务需求分析单的填写，见表 1-6。

表 1-6　某旅游网效果图设计需求分析单（案例）

编号：201200899　　　　　　　　　　　　　　　　　　新客户：√　　老客户修改：

业务部门	设计部	业　务　员	Marko	联系方式	××××
网站类型	旅游网				
客户名称	李方				
联 系 人	李方	联系电话	×××	联系传真	×××
地　　址	广州市越秀区		电子邮件		×××
接收日期	2013 年 3 月 5 日		预计完成日期		2013 年 4 月 30 日
效果图交付方式	电子版：√ 打印版：√ 网络版：√				
资料清单	1. 各旅游景点的照片（需筛选） 2. 各旅游景点的价格（Word 文档） 3. 各旅游景点的路线说明（Word 文档） 4. 各旅游景点的简介（Word 文档） 5. 联系方式、咨询热线、公司地址等信息（Word 文档）				
客户需求说明	1. 本效果图的整体色调需配合夏天的主题 2. 不要求在网络上发布 3. 最好有两个效果图供选择				
备注	如有新的素材，及时联系				

制作人签名：＿＿Marko＿＿　　　客户签名：＿＿李方＿＿

接受任务时，要注意的地方：
1. 站姿和礼貌用语
2. 认真阅读任务单
3. 提出疑问
4. 注意时间分配

查询与收集

请参照表 1-6，小组完成本次任务需求分析单的填写，见表 1-7。

表 1-7 某明星个人博客效果图设计需求分析单

编号：　　　　　　　　　　　　　　　　　　　　新客户：　　　　　　　　老客户修改：

业务部门		业 务 员		联系方式	
网站类型					
客户名称					
联 系 人		联系电话		联系传真	
地　　址			电子邮件		
接收日期			预计完成日期		

效果图交付方式	电子版： 打印版： 网络版：
资料清单	
客户需求说明	
备注	

制作人签名：＿＿＿＿＿＿　　客户签名：＿＿＿＿＿＿

在填写需求分析单时，你与客户沟通交流顺利吗？请按提示记录。（提示：客户的表达你明白了吗？客户的要求能初步达到吗？与客户交流的整个过程气氛怎么样？客户的性格是怎样的？）

_____

_____

_____

与客户沟通交流时，请用简洁的语言，对公司自身条件分析、公司概况、市场优势，可以利用网站提升哪些竞争力、建设网站的能力（费用、技术、人力等）作概述。

_____

_____

_____

评价自己或小组成员在接受任务时，注意培养以下职业素养了吗？请填写表1-8。

表 1-8　项目信息采集活动评价表

项 目 内 容	要　　　求
与用户交流	1. 是否充分听取用户的意见 　　□ 是　　　　□ 否 2. 记录的信息是否完整合理 　　□ 是　　　　□ 否
案例分析	是否具体合理 　　□ 是　　　　□ 否
收集资料	是否整理并作为学习材料 　　□ 整理　　　□ 学习材料
网页美化工具应用	是否熟练制作效果达标 　　□ 是　　□ 否　　□ 一般
代表讲解	语言表达能力（清晰、生动） 　　□ 好　　□ 一般　　□ 有待提高

 引导问题 2　根据网页流程图的设计，小组制订本次任务的流程，如图 1-35 所示。

由图 1-35 可知，在图像软件中设计网页效果图，总体可以分为 7 个步骤：①创建画布，添加辅助线来布局；②绘制结构草图；③添加内容，包括图像和文字；④效果图切片；⑤切片优化；⑥输出切片；⑦布局。

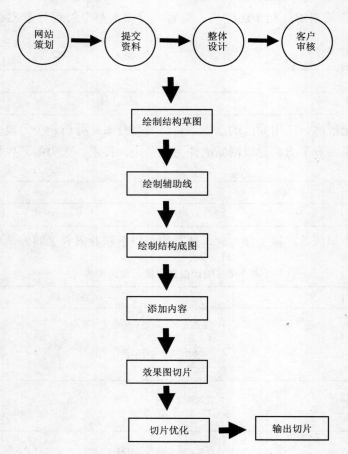

图1-35　网页效果图设计流程

你认为在整个工作流程中，哪个环节最重要？为什么？

设计流程图时，流程图符号应符合国家标准。常用流程图符号见表 1-9。

表 1-9　常用流程图符号

符　号	名　称	意　义
	准备	流程图开始
	处理	处理程序

（续）

符　号	名　　称	意　　义
 判断	判断	表示判断功能
端点	端点	流程图起始或结束
路径	路径	指示路径方向
文件	文件	表示人可阅读的数据
既定处理	既定处理	表示一个已命名的处理，它由在别处已详细说明的一个或多个操作或程序步骤所组成
连接	连接	流程图向另一流程图的出口；或从另一地方的入口
注解	注解	标识注解内容

请根据图 1-35 所示网页效果图设计流程，使用规范流程图图标，为本任务制订出一个合理的设计流程方案，填写表 1-10（提示：需根据客户需求，符合实际情况）。

表 1-10　个人博客效果图设计流程

小贴士：网页设计规范标准——导航

导航在一个网页中所处的位置是很醒目的，它在整个页面中起到导航、引导的作用。清晰明了的导航可以更好地引导浏览者查找到他们所想要的内容信息。

1．导航的排列方式

（1）横列。大部分的网站都是采用这种导航形式。这种形式也很符合人的浏览顺序。这种导航的放置位置特别显眼。

（2）竖列。这种导航目前运用得不是太多，英文网站上运用得比中文网站要多一些。

2．导航的表现形式

（1）背景上打字。这种导航在设计的过程中，上面的文字最好是浏览器可以识别的字体，如宋体、微软雅黑、黑体，最常用的是宋体。这种导航在交互时，只要上面的文字样式发生变化，就可以让用户体验到交互的感受。它的好处是，辨识度较高，可以让搜索引擎正确搜索到网站的导航信息。但缺点是，由于没有采用特殊字体，也是纯粹静态的，视觉上冲击力不够。

（2）全部是图片。这种导航可以采用特殊字体，如方正大黑、华文行楷等。这种导航应用不同的字体，可以达到不同的视觉效果。为了实现交互，每个导航发生变化时的图片也要设计出来。因此在切图排版时，由于运用的特殊字体，就要切成图片的格式。它的缺点是，不容易让搜索引擎搜索到导航上的文字信息。

（3）Flash 形式。这种导航在视觉上很有冲击力。在设计页面时，首先设计出 Flash 导航的形式，包括默认的状态、鼠标滑动到上面的装态、鼠标按下去的状态和鼠标离开后的状态，然后再做动画。这种导航的缺点是字节大小会比前面两种导航形式大，从而影响页面加载的速度。

3．导航的下拉形式

（1）JS 表现形式。有些导航在设计时，要出现二级下拉形式。这里所说的 JS，一种是专门的 JS 程序员写出来的代码形式，另一种是直接运用 Dreamweaver 软件里自带的下拉形式。

（2）DIV 表现形式。运用 DIV 这种新技术也可实现导航的二级甚至是三级下拉形式，是目前比较常用的技术。

 查询与收集

通过网络，打开以下两个网址，说说这些网站的布局方式。

http://www.ifeng.com

_____

_____

http://www.baidu.com

_____

_____

你已经向一名网页设计师的道路出发，每一种职业都有各自的岗位要求，网页设计师也不例外。

 小贴士：合格的网页设计师所具备的要求

1．用心与责任

用心与责任，这是作为一名网页设计师最基本的要求。若设计师技术能力很强，而没有任何的责任感，每做一个网站不管客户是否满意，是否符合客户的要求，就提交给客户，这是极不负责任的。设计行业，有一半工作性质属于服务，所以要关注客户，关注客户的需求。要为客户负责，站在客户的角度、设计的角度去帮助客户设计。

2．态度端正

在帮助客户设计过程中，难免会存在客户的抱怨和商务人员的催促。要做到不厌其烦地为客户进行设计，与客户沟通、交流、讨论等，必须具备一个很好的态度和良好的心态。

要有一个反省心态，能够接受别人的批评，能够正确审视自己的作品，而不是认为自己的作品都是最好的。要学会不断反省自己的作品，不断找出毛病，这样才能做出完美的作品。

3．沟通能力与交流

沟通与交流，也是作为一名合格设计师的基本素质。我们给客户设计网站，不能保证每位客户都能读得懂作品。应该换位思考，站在客户行业、客户角度为客户分析整个网站的设计思路，进行充分沟通，这样才能保证每个作品中既不失客户公司的文化、客户行业的文化背景，又保留了设计师自己的设计手法，充挥发挥设计思想。

4．审美能力

审美能力是作为设计师最基本的素质之一。即使说某位设计师掌握很好的设计软件操作技能，但他不具备审美能力，也不能做出客户满意的网站。对于不是专业美术毕业的设计师，要自己主动学会去学习美学，而不是单单学习如何使用那些工具。计算机工具掌握得再好，只能是一位美工而不是设计师。美工即只是一名计算机工具操作工而已，不具备设计能力。

5．技术能力

技术能力是网站设计师最基本的要求，每一位网站设计师应该掌握 DW 或 FP、PS 或 FW、Flash、CSS，还应掌握矢量图软件及了解相应的 ASP. NET 的网站设计师，还应掌握 Visual Studio 软件开发技术。

6．理解文化能力

作为一名设计师，是为客户而进行设计。我们所遇见各种各样的客户，每位客户公司都有自己的文化，则设计出来的网站不但要有自己的设计主见，也要把客户的文化融入到作品，这样的作品客户才能接受，才能满意。所以设计师必须掌握理解客户公司的企业文化、理解客户行业的文化背景。

目前，大部分设计师，都看重自己的技术，而往往忽略了其他的技能。大家应该正确看待网页设计师这个行业，计算机技术软件只是最基本，它不能作为一个技能。

写下几句自勉的话语，为自己加油！

_____

_____

_____

 引导问题 3 阅读并分析以下效果图设计案例规范。

校园网办公系统界面规范

（1）主窗体初始状态为最大化显示，标题为"广州市工贸技师学院办公系统"；并保证在 1024 像素×768 像素与 800 像素×600 像素分辨率下内容显示完全，如图 1-36 所示。

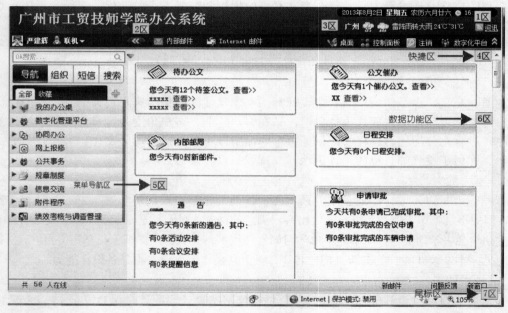

图1-36　主窗体

（2）系统中所有图标统一为：透明水晶按钮图片 、 。

（3）Banner 广告区：保证在 800 像素×600 像素及 1024 像素×768 像素为充满状态。

（4）菜单导航条区。按钮的尺寸为：高 42 像素，宽 148 像素。

二级内容标题按钮的尺寸大约为：高 25 像素，宽 134 像素。此处为 GIF 透明图。背景为#D5D5D5～#FFFFFF 的渐变色。

（5）尾标区。宋体；12 像素；color: #000000，文字内容为：TCL 教育互联事业部版权所有及产品版本号。

（6）功能数据区

● 数据区统一使用黑字，字体统一为宋体、12 像素。

● 表格高度为 25 像素。

● 链接样式：整条变色，鼠标划上显示为小手状。文字链接：鼠标划上变为红色下画线效果#CC0000，单击过后为#666666，如图 1-37 所示。

图1-37　文字链接

● 表格内字段，保证显示情况下限制字段数，如果超长以省略号显示，鼠标划上有对话框全文显示。

建议在保证浏览速度的情况下，让程序判断当前分辨率，确定显示字段数量。如果内容文字过长，建议采用竖式表格项。

（7）表格内容列表

1）如无特殊情况，请使用下列标准：

● 标题字体用宋体，12 像素，加粗，不带下画线，居左对齐。

● 表体部分用宋体，12 像素，不带下画线，对齐情况见"对齐情况处理"。文本、日期、备注，编号居左。数值、金额居中。布尔、自动编号居中。

2）表格的行高：25 像素。

（8）分辨率。为了尽量减少屏幕分辨率改变对软件操作带来的不良影响，要求各产品必须解决以下问题：

1）在 1024 像素×768 像素状态下效果最佳（800 像素×600 像素状态下也能测试通过）。

2）背景图片(如主界面)在其他分辨率下大小成比例缩放。

3）在"大字体"状态下所有文字提示不能超出原定范围。

（9）功能按钮排序。为统一风格，按钮排列和状态规范如图 1-38 所示。

图1-38　规范按钮

图标排列规定：

　　　[增加 修改 删除][查询 统计][打印][……]

（10）文件命名规则。

1）文件命名规则：与程序技术规范的命名规范统一。

2）页面内图片命名按如下规则：页面名称_区域_编号（index_top_01.gif）。

引导问题 4　请阅读并分析几个典型的个人博客界面。

查询与收集

1. 通过学习并分析典型的个人博客界面，你能说出个人博客包含哪些区域吗？

_____

_____

2. 制作网页元素。对于欲从事设计制作的初学者来讲，首先学习 Photoshop 软件是最基本的技能。

组内进行工作安排，填写表 1-11。

表 1-11　工作安排

客户	
网页设计师	
素材收集	
讲解	
组长	

3. 根据客户需求，了解了网页效果图设计的相关信息了吗？填写表 1-12。

表 1-12　相关信息

1. 优秀的网页效果图案例，可以在哪些网站找到？	
站名	网址

2. 想学习 Photoshop 软件，可以通过哪些网站？	
站名	网址

 小贴士

国内外较著名网站的网页效果图欣赏，见表 1-13。

表1-13 著名网站

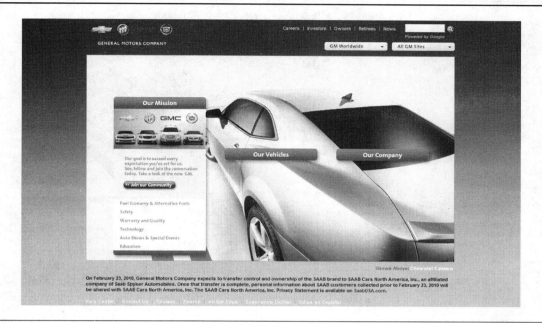

美国通用公司，整个网站可以明确感受到企业高品质工业化目标及对用户精益求精的服务

新浪，内容多，信息量大，使用星状链接导向，浏览方便，随时可以切换到自己所要关注的内容上

（续）

中国美术学院，通过树状链接导向一目了然地看清网站所要宣传的学校信息

中国移动通信，没有复杂的信息，只体现企业运行的 4 个方向，在简单中体现了移动服务的精神

你还能发现一些优秀的网站吗？请记录下来。

网站地址
1.
2.
3.

 查询与收集

1. 什么叫网页图标？网页图标有什么作用？

_____

_____

2. 以下 LOGO 你认识吗？完整填写表 1-14。

表 1-14 常见网页 LOGO

新浪网	有道搜索
搜搜	新浪网
（　　　　　）	（　　　　　）

（续）

 （ 　）	 （ 　）

 小贴士

1．LOGO 设计流程

LOGO 主要是互联网上各个网站用来与其他网站链接的图形标志，代表一个网站或网站的一个板块。

（1）调研分析。标志不仅仅是一个图形或文字的组合，它是依据企业的构成结构、行业类别、经营理念，并充分考虑标志接触的对象和应用环境，为企业制定的标准视觉符号。在设计之前，首先要对企业做全面深入的了解，包括经营战略、市场分析，以及企业最高管理人员的基本意愿，这些都是标志设计开发的重要依据。对竞争对手的了解也是重要的步骤，标志的识别性，就是建立在对竞争环境的充分掌握上。因此，首先要要求客户填写一份标志设计调查问卷。

（2）要素挖掘。要素挖掘是为设计开发工作作进一步的准备。依据对调查结果的分析，提炼出标志的结构类型、色彩取向，列出标志所要体现的精神和特点，挖掘相关的图形元素，找出标志的设计方向，使设计工作有的放矢，而不是对文字图形的无目的组合。

（3）绘制草图。LOGO 设计创意先行，设计前先根据网站性质在纸上画 LOGO 的草图，有了草图也就有了设计的方向。创意以简洁明快、便于实际应用为原则。

（4）设计开发。有了对企业的全面了解和对设计要素的充分掌握，就可以从不同的角度和方向进行设计开发工作，充分发挥想象，用不同的表现方式，将设计要素融入设计中。标志必须达到含义深刻、特征明显、造型大气、结构稳重、色彩搭配能适合企业，避免流于俗套或大众化。不同的标志所反映的侧重或表象会有区别，最后需经过讨论分析修改，找出适合企业的标志。

（5）标志修正。提案阶段确定的标志可能在细节上还不太完善，需经过对标志的标准制图、大小修正、黑白应用、线条应用等不同表现形式进行修正，使标志更加规范。

2．LOGO 设计软件介绍

（1）AAA Logo。AAA Logo 是一款常用的 LOGO 设计软件，功能简单且强大，内含上百个 LOGO 模板，几千个设计素材，所有素材都是矢量图，可以方便编辑，即使你不是专业的 LOGO 设计师，也可以在几分钟内设计出漂亮的 LOGO。

（2）Photoshop。Photoshop 是最出名的图片编辑软件之一，集图片扫描、图像制作、编辑修改、图像输入与输出于一体，广泛应用于图片编辑。

（3）Logo Maker。Logo Maker 是一款专业的 LOGO 制作软件，使用简单，可轻松设计出网站 LOGO、公司 LOGO、按钮、图标等。Logo Maker 内置了丰富的 LOGO 设计素材，可以充分满足需求，设计出高质量的 LOGO。

（4）Logo Design Studio。Logo Design Studio 是一款全功能的 LOGO 设计软件，支持多种图片格式，如 BMP、JPEG、PDF、png、wmf 等，功能全面，可以在短时间内设计出专业的 LOGO，适用于设计新手。

（5）美图秀秀。美图秀秀是一款独特的图片处理软件，具有图片边框、特效、美容、拼图、场景等功能，可轻松制作出影楼级的照片，操作简单，即使没有任何作图基础，也可以得心应手地使用。

（6）Easy Photo Editor。Easy Photo Editor 是一款图片编辑软件，支持 BMP、PCX、TIF、PNG、JPEG 和 GIF 等图片格式，可对图片进行增强、编辑等操作，虽然功能上没有 Photoshop 软件强大，但易于上手，很受一些图片设计者的喜爱。

请欣赏手绘草图与效果图的对照，如图 1-39 所示。

图1-39　草图与效果图对照

 小贴士（案例）

以下是为某客户设计的 LOGO 标志构思设计过程，是为合唱团设计，因此标志要突出"唱"这个字。事实证明最后这个标志也很好地体现了"唱"的文字形状和客户想要的主题。

客户是广州市工贸技师学院合唱团，合唱团成立两年来，在开学、毕业典礼等活动中有过多次演出，同时也曾在其他学校晚会活动中演出，团员们都有很多美好的记忆，到了毕业的时候，他们希望为团员设计一件 T 恤作为留念，同时也想设计一个标志作为以后不同宣传材料所用。这次的要求比较复杂，因为不只是 T 恤的设计，还有标志，希望能体现出合唱团的特点，可以先设计标志，然后用标志作为 T 恤的主题，一举两得。

为了设计代表合唱团的标志，先列举一下和合唱团相关的特征。合唱团首先是唱歌，不同声部不同高低的声音，还是个群体。怎么表现这些特征呢？我们先从文字开始，"唱"这个字左边的"口"字代表和嘴有关，是表意的；右边"昌"字取音。中国的方块字发源于象形文字，有结构、有意义。历代书法本身就是一门艺术，很有装饰感，不同字库的"唱"字如图 1-40 所示。

图1-40 "唱"字体现

唱字其实是由一个"口"字和两个"日"字组成的，在小学课本里，提到这两个字，可以写成如图 1-41 所示的模样。

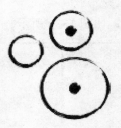

图1-41 "唱"字另写

"唱"字主体其实是 3 个圆，稍加改造可以演变成 3 个不同音源，发出不同的声波，如图 1-42 所示。

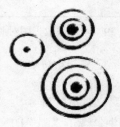

图1-42 3个圆的"唱"字

　　这样既有中文的"唱"字，也可以体现合唱的主题，不同高低声部的声波汇总在一起，实际的设计可以有不同的表达方式。下面是两个例子，不同的表现手法表现声波，3个圆每个是一个颜色，代表不同的频率，而在一个圆里差别只是透明度不同，如图 1-43 所示。

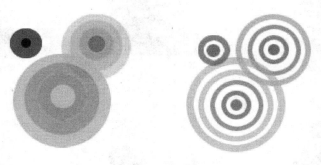

图1-43　体现合唱主题

　　3 个圆有点散，现加入剪裁，就像用相机对标志拍照，当然可以用不同比例的剪裁，这里用正方形的剪裁，就像一张 6×6 的底片拍摄的照片，在摄影里正方形的剪裁一般可以产生集中吸引眼光的效果。这里借鉴了摄影的技巧，同时借鉴摄影里的三分法，让 3 个圆的中心在照片三分之一的位置，体现比较平衡的感觉，剪裁的同时还可以让人认出"唱"这个字的整体，如图 1-44 所示。

图1-44　3个圆的摆放

　　下面把各个圆的圆心向内靠拢一点，一方面显得有立体感、更生动，同时也体现合唱相互配合的特点，如图 1-45 所示。

图1-45　体现相互配合

客户希望有不同的颜色可以选择，下面是不同的样例，有不同颜色，通过不同的透明度来表现声波的形状，如图1-46所示。

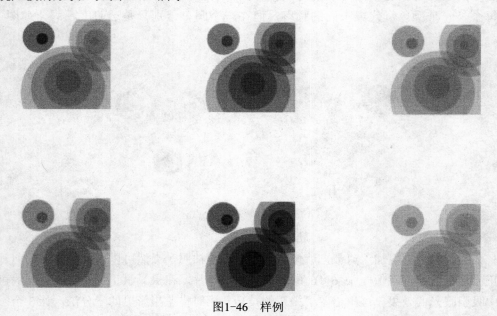

图1-46 样例

最后客户选择了单色的绿色，体现合唱团学生青春的特点，同时在设计黑白灰度印刷品时，效果不会有太大的变化，而且也节省印刷费用。

作为T恤，设计比较简单，把"唱"字的标志放在左胸口，体现"用心去唱"的理念，同时右边用黑色字体的合唱团的名称作为平衡，中英文名称用不同粗细的字体作为对比，设计只有两个颜色，制作费用也得到了控制，图1-47是最终设计的应用效果图。

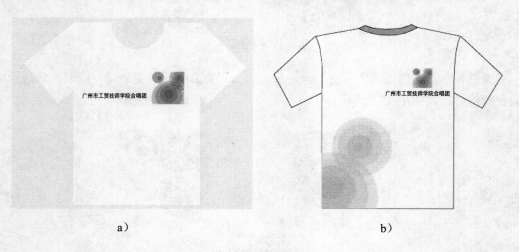

a）   b）

图1-47 T恤设计

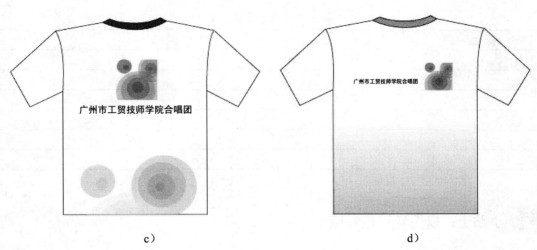

c）　　　　　　　　　　　　　d）

图1-47　T恤设计（续）

根据客户要求，能为客户设计出一款个人博客 LOGO 吗？请画出草图，并填写表 1-15。

表 1-15　填表

LOGO 草图（手绘）	
LOGO 尺寸大小	
LOGO 的配色	
LOGO 的含义	

客户对你的 LOGO 设计是否满意？在工作过程中，请养成记录的好习惯，填写表 1-16。

表 1-16　文档修改记录

日　期	更改人	更改内容

 小贴士：以下知识你知道吗？

1．LOGO 的作用

（1）LOGO 主要是互联网上各个网站用来与其他网站链接的图形标志。

（2）LOGO 是网站形象的重要体现。

（3）一个好的 LOGO 往往会反映网站及制作者的某些信息。

2．LOGO 的国际规范

（1）88×31，这是互联网上最普遍的 LOGO 规格。

（2）120×60，这种规格用于一般大小的 LOGO。

（3）120×90，这种规格用于大型 LOGO。

（4）200×70，这种规格 LOGO 也已经出现。

3．LOGO 的设计流程

（1）调研分析。依据企业的构成结构、行业类别、经营理念，并充分考虑标志接触的对象和应用环境，为企业制定的标准视觉符号，了解企业、客户意愿、竞争环境。

（2）要素挖掘。依据对调查结果的分析，提炼出标志的结构类型、色彩取向，列出标志所要体现的精神和特点，挖掘相关的图形元素，找出标志的设计方向，使设计工作有的放矢。

（3）设计开发。对企业的全面了解和对设计要素的充分掌握，不同的角度和方向、想象、含义深刻、特征明显、造型大气、结构稳重、色彩搭配，避免流于俗套或大众化。

（4）标志修正。标准制图、大小修正、黑白应用、线条应用等不同表现形式的修正。

4．良好 LOGO 应具备的条件

（1）符合国际标准。

（2）精美、独特。

（3）与网站的整体风格相融。

（4）能够体现网站的类型、内容和风格。

（5）在最小的空间尽可能地表达出整个网站、公司的创意和精神等。

5. 优秀 LOGO 制作要素

（1）识别性。容易识别，易记忆，色彩、构图要讲究、简单。

（2）特异性。

（3）内涵性。

（4）法律意识。

这里有优秀的网站 LOGO 制作参考资料，希望能帮助你。

> http://www.logoquan.com/
> http://www.logotang.com/
> http://www.cnlogo8.com/
> http://www.cldol.com/

学习活动3　整合个人博客效果图

学习目标

1. 能根据客户需求进行构思，绘制个人博客的草图。
2. 能理解 Photoshop 软件图层面板的应用。
3. 学会验收并交付项目。

建议学时：6 学时。

学习过程

现在要做的是设计一款美丽的页面布局，把相关元素安置在里面。这是整个项目的关键。

手绘网页草图，是一名合格网页设计师必需的技能。请马上准备好一支铅笔，一张白纸，一把尺子，还有一颗耐心，开始进行设计。

 小贴士：手绘网页草图

手绘网页草图案例见表 1-17。

表 1-17　手绘网页草图

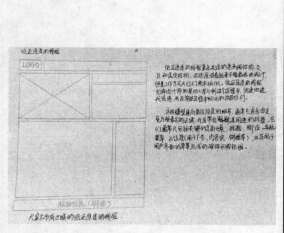

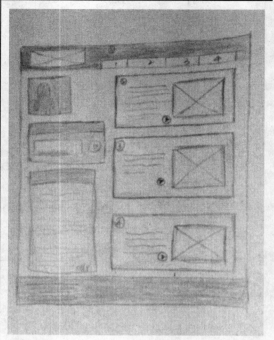

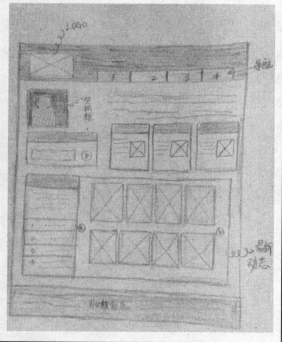

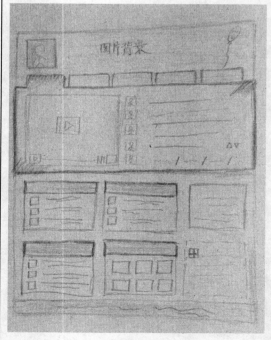

小贴士：造型的选择

先在白纸上画出象征浏览器窗口的矩形，这个矩形就是要布局的范围。选择一个形状作为整个页面的主题造型，如选择圆形，因为它代表着柔和，与时尚流行比较相称，然后在矩形框架里随意画出来，可以试着再增加一些圆形或者其他形状。事实上，一开始就想设计出一个完美的布局来是比较困难的，要注意在看似繁乱的图形中找出隐藏在其中的特别的造型出来，还要注意不要过分担心设计的布局是否能够实现。一般地，只要能想到的布局都能靠软件技术实现，如图 1-48 和图 1-49 所示。

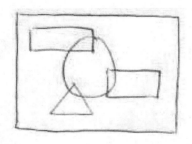　　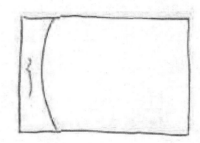

图1-48　网页布局　　　　　　　　　图1-49　网页布局

考虑到左边向左凹的弧线，为了取得平衡可以在页面右边增加一个矩形（也可以是一条线段），如图 1-50 所示。

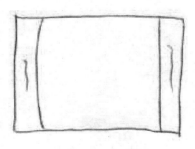

图1-50　增加矩形

1. 增加页头

一般页头都是位于页面顶部，在图 1-50 中，为了和左边的弧线和右边的矩形取得平衡，增加了一个矩形页头并让页头相交于左边的弧线，如图 1-51 所示。

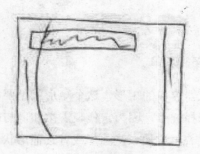

图1-51　增加页头

2．增加文本

页面的空白部分分别加入文本和图形。因为在页面右边有矩形作为陪衬，所以文本放置在空白部分不会因为左边的弧线而显得不协调，如图 1-52 所示。

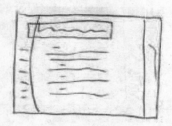

图1-52　增加文本

3．增加图片

图片是美化页面和说明内容必需的媒体。在这里把图片加入到适当的地方，如图 1-53 所示。

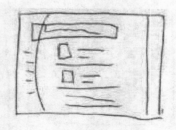

图1-53　增加图片

经过以上几个步骤，一个时尚页面的大概布局就出现了。当然，它不是最后的结果，而是以后制作网页时的重要参考依据。

草图非常适合于协作、讨论和交流思想。就设计而言，草图是非正式的，非常适合于促进与其他设计师、开发人员和团队成员讨论想法。在这个阶段人们从多个角度讨论问题有助于及时形成良好的想法。

引导问题 1　请根据客户需求和以上草图的绘制方法进行构思，尝试绘制个人博客的草图，见表 1-18。

表 1-18　个人博客效果图草图

整合个人博客，尽量结合绘制图形进行。

请把绘制好的网页草图交给客户查看（或展示），并向客户解释这样布局的优点，在表 1-19 中记录。

表 1-19　记录表

优点：
客户要求修改的地方：

经过反复修改，网页已经得到客户的认可，现在需要把所有的元素像拼图一样放置到适当的位置。在这个阶段，需要网页设计师高超的技术及敏锐的美感。软件技术不可能一朝而成，但它的神奇肯定会深深吸引你；敏锐的美感也不是与生俱来，但凡事皆有规可循，不是天生的艺术家不要紧，也可以是后生的模仿家。

 小贴士

只要看到图 1-54，相信不用解释，也应该清楚在 Photoshop 里图层是什么意思。

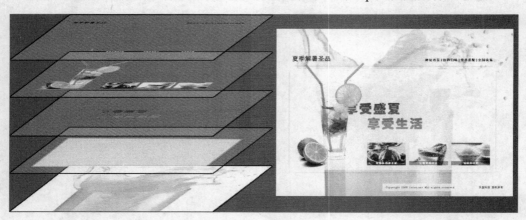

图1-54　图层

图层的基本工作原理，就是将构成图像的不同对象和元素隔离到独立图层上进行编辑操作，组成图像的各个图层就相叠在一起，透过上一个图层的透明区域可以看到下一个图层中的不透明像素，透过所有图层的透明区域，可以看到背景图层，最终展现在人们面前就是一幅完整的网页作品，如图 1-55 所示。

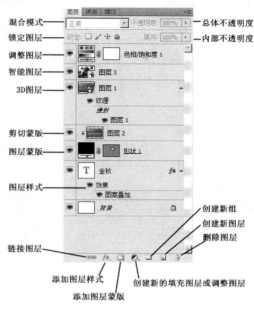

图1-55　图层工作原理

　　在 Photoshop 软件中，不同图像放置在不同的图层中，为了方便管理与操作，所有的图像均显示在"图层"面板中，如图 1-58 所示。执行"窗口"→"图层"命令，或者按<F7>键可以打开图 1-58 所示的"图层"面板。该面板中各个按钮与选项的功能如图 1-56 所示。依据图中按钮的功能创建各种功能的图层或者编辑当前图层，为当前图层添加效果，如图 1-56 所示。

名称	图标	功能
图层混合模式	正常	在下拉列表中可以选择当前图层的混合模式
图层总体不透明度	不透明度: 100%	在文本框中输入数值可以设置当前图层的不透明度
图层的内部不透明度	填充: 100%	在文本框中输入数值可以设置当前图层的填充区域不透明度
锁定	锁定: □ ✓ ＋ 🔒	可以分别控制图层的编辑、移动、透明区域可编辑性等属性
眼睛图标	👁	单击该图标可以控制当前图层的显示与隐藏状态
链接图层	🔗	表示该图层与作用图层链接在一起，可以同时进行移动、旋转和变换等操作
折叠按钮	▶ ▼	单击该按钮，可以控制图层组展开或者折叠
创建新组	📁	单击该按钮可以创建一个图层组
添加图层样式	fx.	单击该按钮可以在弹出的下拉菜单中选择图层样式命令，为作用图层添加图层样式
添加图层蒙版	🔳	单击该按钮可以为当前图层添加蒙版
创建新的填充或调整图层	◑.	单击该按钮可以在弹出的下拉菜单中选择一个命令，为作用图层创建新的填充或者调整图层
创建新图层	📄	单击该按钮，可以在作用图层上方新建一个图层，或者复制当前图层
删除当前图层	🗑	单击该按钮，可以删除当前图层

图1-56　按钮与选项功能

引导问题2　验收并交付项目

在协议的日期内，某明星个人博客效果图终于完成了，客户也迫不及待地想看到成果。小王带着打印出来的效果图，满怀信心地来到了客户办公室。

项目交付验收单，见表1-20。

表1-20　项目验收单

项目名称	接受/完成时间	验收是否满意	审核人签名	网页设计师签名

在交付过程中，是如何介绍本效果图的？（提示：可从构思、设计步骤、团队合作、成本控制、遇到问题及售后服务等方面进行介绍）

_____

_____

_____

_____

_____

_____

_____

_____

> 交付项目验收时，要注意的地方：
> 1. 站姿和礼貌用语。
> 2. 认真解说。
> 3. 解答疑问。
> 4. 注意时间分配。

 引导问题3　综合评价

自我评价：（1）自己设计的成果与用户需求进行比较。

（2）描述其中不同之处，并对出现的差异说明原因，见表1-21。

表 1-21　自我综合表现评价

班级：＿＿＿＿＿	姓名：＿＿＿＿＿	日期：＿＿＿＿＿
项目	自我评价	
	1～10	表述
兴趣		
任务明确程度		
学习主动性		
承担工作表现		
展示方法		
协作精神		
时间观念		
综合评价		

以项目设计流程记录和网页效果图为主要内容制作成 PPT。

现场演示（组织客户和评委通过设计标准方式对各项目组完成的设计方案进行挑选，选出满意的方案），利用表 1-22 评选出符合效果图设计的评判标准。

表 1-22　项目方案设计评价

项目内容	标　准	评　分					
		5	4	3	2	1	总分
＿＿＿项目方案设计	需求分析充分、栏目设置合理、功能完善						
	主题鲜明，能体现网站功能						
	页面布局（排版）美观大方，有个性						
	色彩搭配合理，能表现主题，特色鲜明						
	网页的标题简洁，明确						
	内容健康、正确、合法						
建议							
教师评定							

 知识拓展

你可以用 Photoshop 软件独立完成以下网页图标了吗？如图 1-57 所示。

网页效果图设计

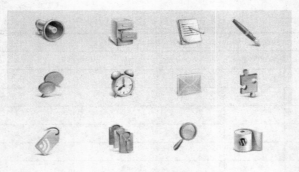

图1-57　网页图标

 练习　个人博客制作过程

项目背景：以下案例是广州市工贸技师学院11网站开发与维护高级班吴林辉同学的个人博客首页效果图制作过程，首页效果如图1-58所示。

图1-58　首页效果

48

（1）新建一个 1024 像素×1082 像素的文档，如图 1-59 所示。

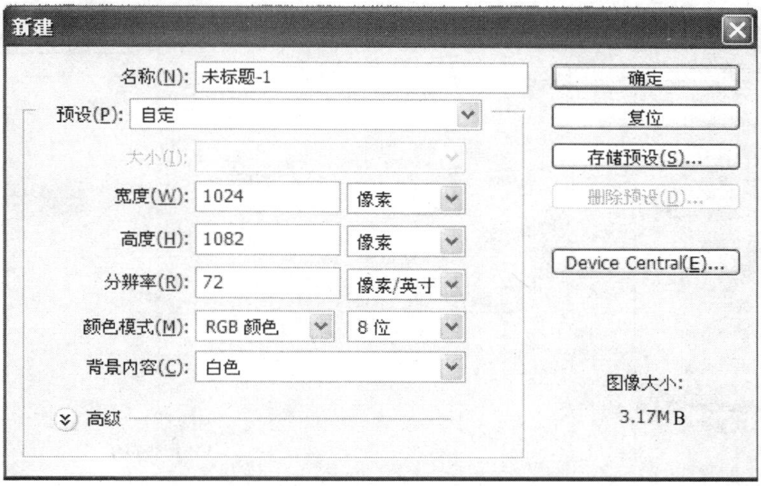

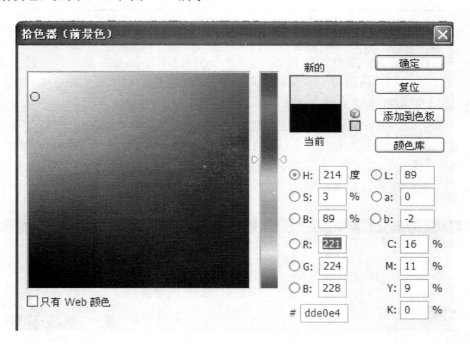

图1-59 新建文档

（2）填充#dde0e4 的背景颜色，然后打开"图层样式"对话框，设置图案叠加，找到青苔的图案纹理，如图 1-60 和图 1-61 所示。

图1-60 拾色器

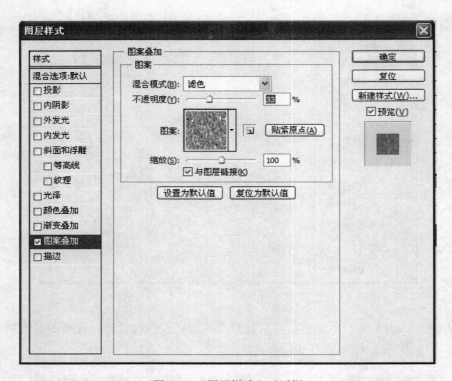

图1-61 "图层样式"对话框

（3）分析这个页面由哪些元素组成，它分为 top（顶部）、header（头部/里面包含了 logo 和 nav 菜单）、content（内容分为上面和下面两大部分，上面是我的状态和个人头像；下面是 sidebar 侧边栏和 main 主要内容），以及 footer（底部）这几个元素。

（4）做 top（顶部）。新建一个图层，选择"矩形"工具⬜，选取一个高为 27 像素的框，填充#383d52■的颜色，左边输入"Leif Blog"，字体为"准圆"，字号 18，右边输入"登录"和"注册"，字体为"宋体"，字号 14。新建一个图层，它的下方还有一条高为 14 像素、填充色为#c9ced1▨线型，如图 1-62 所示。

图1-62 做顶部

（5）做 header（头部）。LOGO 部分：输入"Leif"，颜色为#383d52■，字号 60，字体为"大黑"；下方输入"www.leif.com.cn"，颜色为#456da9■，字号为 14，设置为斜体，如图 1-63 所示。

（6）nav（菜单）：新建一个图层，用"圆角矩形"工具⬜，

图1-63 做头部

选取一个宽度为 634 像素、高度为 44 像素、半径为 2 像素 半径：2px 的圆角矩形，填充颜色为 #39445a，单击"滤镜"→"杂色"→"添加杂色"命令。双击图层打开图层样式，给它加 1 像素的黑色描边。把它分为 6 份，宽度为 96 像素，输入文字，字体为"准圆"，字号为 14，颜色为白色，并给文字加投影，如图 1-64 所示。新建一个图层，每个图层的右边都有一条 2 像素的竖线，可以用"铅笔"工具来画。新建一个图层，它还有一个移上去的颜色变化，即 hover，填充颜色#446ba8，另外添加一种杂色，如图 1-65 所示。新建一个图层，它的上面还有一个线光，可以用"铅笔"工具画一条 1 像素的线就可以了。房子的制作：新建一个图层，用"矩形选框"工具画一个正方形，然后把它载入选区，移动选区到需要留下的东西，把多余的删除。然后按<Ctrl+T>组合键把它旋转到想要的方向，按<Ctrl+J>组合键复制一个图层，然后把它向下移动，按住<Alt>键，再按键盘的下<↓>键选中那些复制的图层，按住<Ctrl+Alt+E>组合键把它们合并，然后把下面多余的删除。用"矩形选框"工具画一个长方形，做房子的门，把它移动到合适的位置，然后按<Delete>键把它删除。

图1-64 菜单

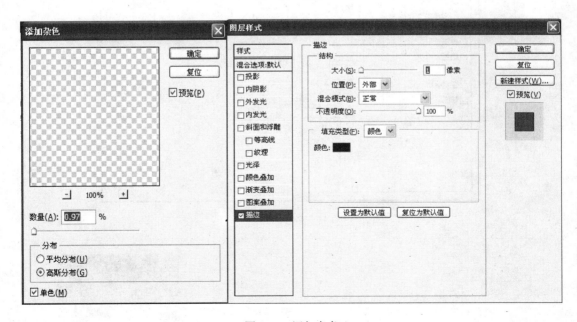

图1-65 添加杂色

房子按钮示意图，如图 1-66 所示。

a) b) c) d) e) f) g)

图1-66 按钮制作

（7）content（内容）的上部分制作：用"圆角矩形"工具 ，画出一个宽度为 881 像素、高度为 197 像素、半径为"5px" 半径: 5px 的圆角，加投影效果，如图 1-67 所示。左边输入文字，右边做一个图片，图片加颜色为#dcdcdc 、5px 描边的效果，在下方加投影效果，如图 1-68 所示。

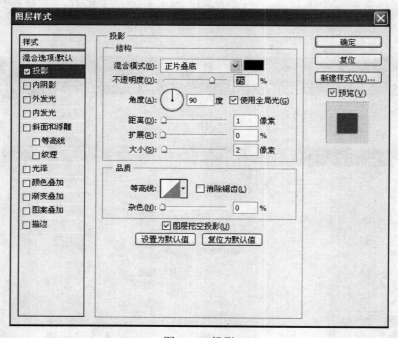

图1-67 投影

图1-68 输入文字

投影设置如图 1-69 所示。

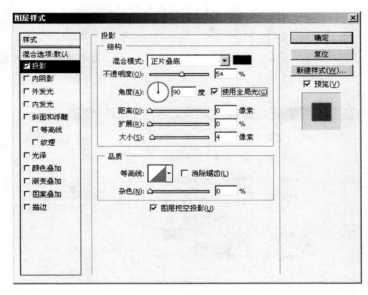

图1-69　投影设置

描边设置如图 1-70 所示。

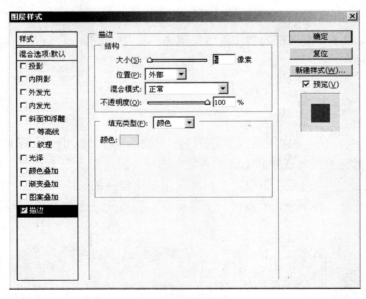

图1-70　描边设置

（8）content（内容）的下部分制作：新建一个图层，制作同第 6 步。

（9）直线的制作。效果图如图 1-71 所示。

图1-71　直线效果图

（10）新建一个图层，先用铅笔画出一条 1 像素的直线，颜色为#bdc5ca___，然后按<Ctrl+J>组合键复制一个图层，并向下移动 1 像素，按<Ctrl+U>组合键打开"色相/饱和度"对话框，调节明度为"+72"，如图 1-72 所示。

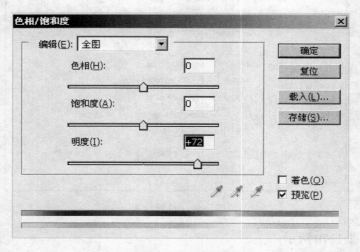

图1-72　"色相/饱和度"对话框

（11）上一页和下一页外框的制作。效果图如图 1-73 所示。

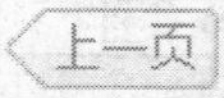

图1-73　效果图

（12）新建一个图层，用"自定义"工具，选择形状，画出一个三角形路径，然后按<Ctrl+T>组合键把它的方向旋转到正确的方向，选择"圆角矩形"工具，单击它最右边的添加到路径区域（+）选项，画出一个高和三角形一样高的长方形路径，按<Ctrl+回车>把它变成选区，先填充一种颜色，再添加一个图层样式的渐变叠加和描边，这样效果就完成了，如图 1-74 所示。

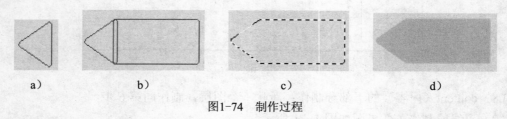

a)　　　　　　　b)　　　　　　　c)　　　　　　　d)

图1-74　制作过程

渐变叠加设置如图 1-75 所示。

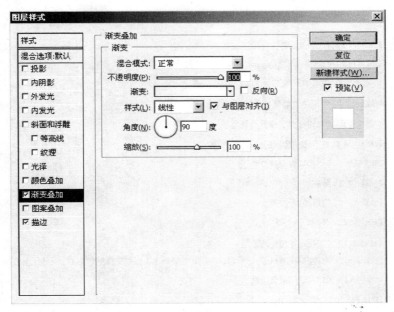

图1-75　渐变叠加设置

渐变叠加的颜色为#ebebeb 到#ffffff 的一个渐变。

描边设置如图 1-76 所示。

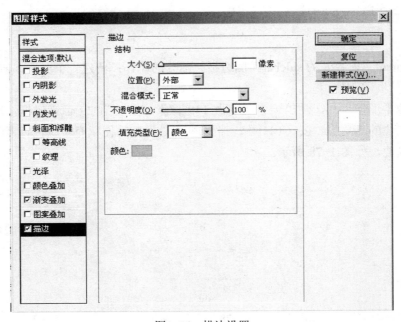

图1-76　描边设置

描边的颜色为#bfbfbf████，如图 1-77 所示。

日志		更多>>
【WEB前端】：HTML5新特性介绍之PageVisibility API		03-15(0/133)
【PHP技巧】：[JQuery插件]Pause 暂停		04-15(11/123)
【心情日志】：30岁你还做广告人吗		03-15(0/133)
【挨踢人生】：为程序员量身定制的12个目标		04-15(11/123)
【WEB前端】：Web设计师必须熟练掌握的10个CSS3属性		03-15(0/133)
【PHP技巧】：关于团队合作的css命名规范		04-15(11/123)
【美文转载】：255条经典品牌广告语		03-15(0/133)
【挨踢人生】：惹恼程序员的10件事		04-15(11/123)
【挨踢人生】：程序员眼里的女人		03-15(0/133)
【WEB前端】：CSS浏览器兼容问题		04-15(11/123)
【WEB前端】：CSS相对定位绝对定位		03-15(0/133)
【挨踢人生】：经常使用计算机一定要看：教你如何减少计算机对身体的危害！		04-15(11/123)
【WEB前端】：CSS滑动门菜单教程		03-15(0/133)
【挨踢人生】：程序员成长的10个阶段		04-15(11/123)
【挨踢人生】：IT人闹元宵 IT人的灯谜（附谜底）		03-15(0/133)
【挨踢人生】：IT人士的人际关系压力		04-15(11/123)
上一页	1 2 3 4 **5** 6 7 8 9 …	下一页

图1-77　设置颜色

（13）content（内容）的 sidebar（侧边栏）部分的制作：新建一个图层，制作同第 6 步。

（14）对话框的制作：

用"圆角矩形"工具，画出一个宽度为 149 像素、高度为 29 像素的框，用"钢笔"工具做出一个左边的三角形，按<Ctrl+回车>把它变成选区，随便填充个颜色，再添加图层样式渐变叠加和描边，如图 1-78 所示。

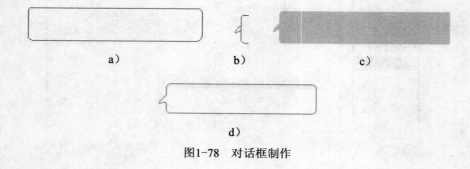

图1-78　对话框制作

渐变叠加：渐变的颜色为#ffffff□到#ededed□的颜色渐变，如图 1-79 所示。

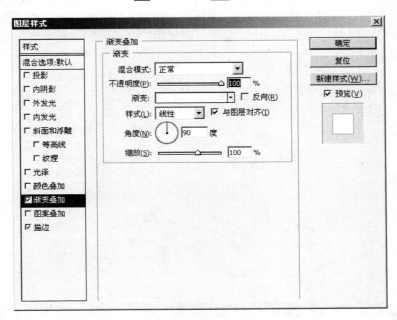

图1-79　渐变叠加设置

描边：颜色为#959595，如图 1-80 所示。

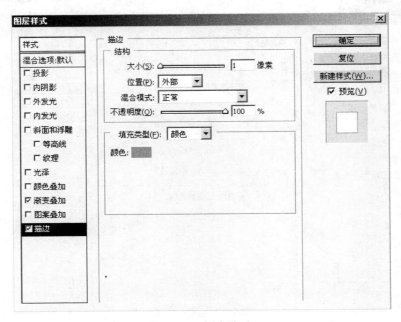

图1-80　描边设置

（15）签到框的制作：

1）新建一个图层，用"圆角矩形"工具画出一个宽度为261像素、高度为86像素的路径，按<Ctrl+回车>把它变成选区，填充颜色，添加图层样式投影、渐变叠加和描边。

效果图如图1-81所示。

图1-81 效果图

投影设置如图1-82所示。

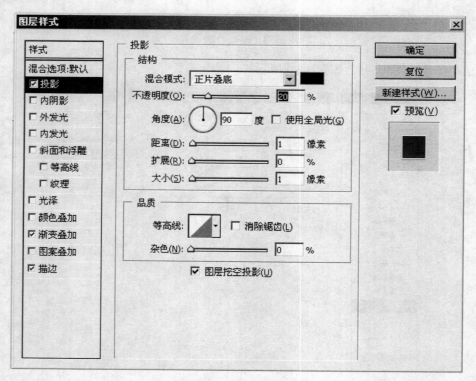

图1-82 投影设置

渐变叠加设置如图 1-83 所示。

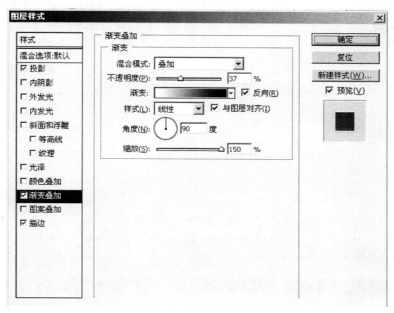

图1-83　渐变叠加设置

描边设置如图 1-84 所示。

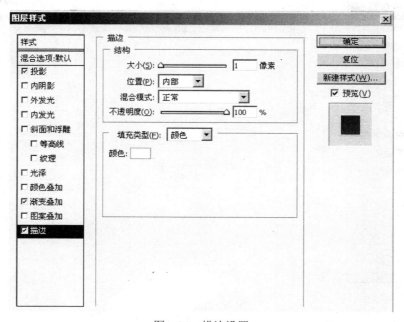

图1-84　描边设置

2）新建一个图层，用"圆角矩形"工具再画出一个宽度为 241 像素、高度为 65 像素的路径，然后把它变成选区，随便填充一种颜色，给它添加图层样式内阴影和描边。

效果图如图 1-85 所示。

图1-85　效果图

内阴影设置如图 1-86 所示。

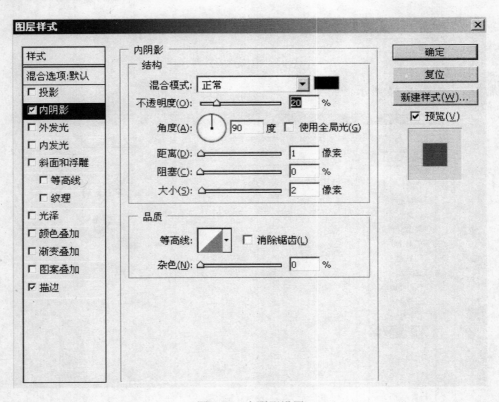

图1-86　内阴影设置

描边设置如图 1-87 所示。

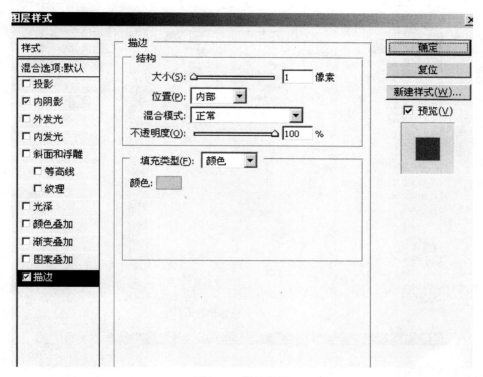

图1-87　描边设置

3）按钮制作。新建一个图层，用"矩形"工具▣画出一个宽度为 67 像素、高度为 32 像素的长方形，随便填充一种颜色，添加图层样式投影、内阴影、渐变叠加和描边。

效果图如图 1-88 所示。

图1-88　效果图

投影设置如图 1-89 所示。

内阴影设置如图 1-90 所示。

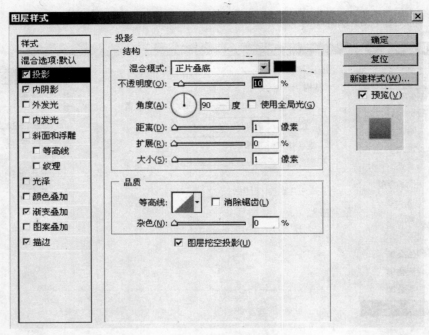

图1-89　投影设置

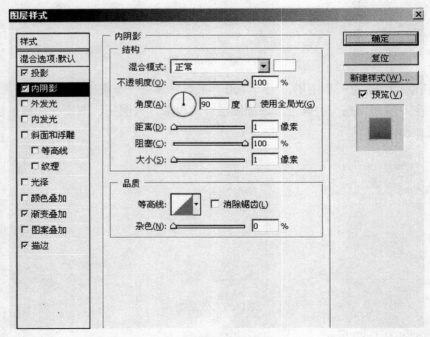

图1-90　内阴影设置

渐变叠加设置如图 1-91 所示。

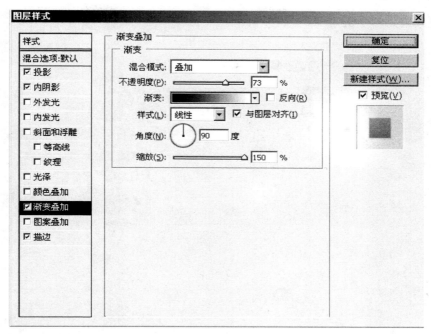

图1-91　渐变叠加设置

描边设置如图 1-92 所示。

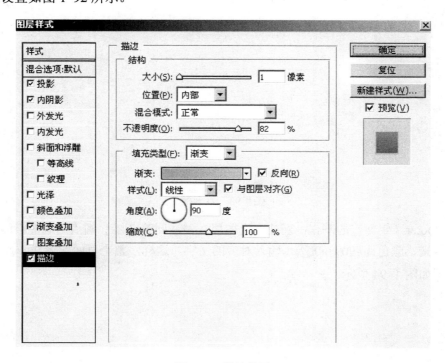

图1-92　描边设置

签到框效果如图 1-93 所示。

一句话签到>>
小弟永远支持你~!
3月15日 12：00
哥，来看你了。
最近过得好吗？
3月16日 12：00
既然来了，不说点什么吗？
签到

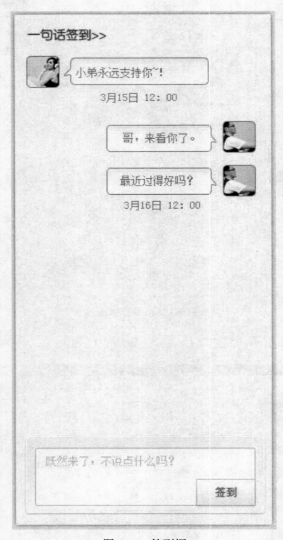

图1-93　签到框

（16）footer（底部）的制作：新建一个图层，做法同第 7 步。圆点用画笔点即可，画笔大小为 9 像素、颜色为#9094a0，输入对应的文字。这样，整个页面即完成。

效果图如图 1-94 所示。

小东的个人主页
小红的个人主页
小明的个人主页
Copyright © 2012-2013 Percy Blog

图1-94　效果图

学习任务2 艺术团网页效果图设计

> 校园网是为学校师生提供教学、科研和综合信息服务的宽带多媒体网络。首先，校园网应为学校教学、科研提供先进的信息化教学环境，而艺术团的网页是校园网中的一个链接页面，它是在网络上展示校园文化的重要途径。

某学校的艺术团为学生带来了丰富的业余生活。为了更好地展现和宣传学校艺术文化，学校现委托耀星公司为艺术团网页设计效果图。耀星公司项目主管小李找到网页设计师小王，落实本次艺术团网页效果图设计任务，并要求在 20 天内完成。小王接到任务后，进行用户需求调研，确定网页的内容，制订具体实施计划，以保证按时按量为学校艺术团完成设计效果图。

针对本任务，分析如下：

- 学校艺术团已有自己的 LOGO，无需制作。
- 网页用色上，客户需要配色大胆，有跳跃感。
- 浏览网页的大多数是本校学生，但也可以作为校园文化对外宣传，因此需突出活动的主题和教育意义。
- 图片数量非常大，需精选有代表性的图片，如有需要，要进行图片处理。

任 务 流 程 与 活 动

1. 合理运用网页色彩搭配的技巧，正确选择网站色调。
2. 网页页面设计大小符合规范要求。
3. 设计艺术团网页效果图。
4. 整合艺术团网页效果图。

学时：42 学时。

学习活动1　运用网页色彩搭配的技巧，正确选择网站色调

学习目标

掌握网页色彩的配色知识。
建议学时：6学时。

学习过程

引导问题1　你知道网页是如何配色的吗？

1. 配色问题

一个网页的色彩最好不要超过3种，以免视觉效果混乱。用色柔和，对比度强的色彩不能应用于一般网站，但适用于时尚网站。一般不好搭配的颜色，可用灰度进行搭配。

2. 几种配色方案

（1）用一种色彩

这里是指先选定一种色彩，然后调整透明度或者饱和度（就是将色彩变淡或者加深），产生新的色彩，用于网页。这样的页面看起来色彩统一且有层次感。

（2）用两种色彩

先选定一种色彩，然后选择它的对比色（在Photoshop软件中按<Ctrl+Shift+I>组合键）。

（3）用一个色系

简单地说，就是用一个感觉的色彩，如淡蓝、淡黄、淡绿；或者土黄、土灰、土蓝。确定色彩的方法各有不同，可以在Photoshop软件中按前景色方框，在跳出的拾色器窗中选择"自定义"选项，然后在"色库"中选择。

（4）用黑色和另外一种色彩

比如，大红的字体配黑色的边框感觉很"跳"。

3. 网页配色谨记

1）不要将所有颜色都用到，尽量控制在3种色彩以内。

2）背景和前文的对比尽量要大（不要使用花纹繁复的图案作背景），以便突出主要文字内容。

 引导问题2　请欣赏以下网站的配色方案

在设计网页之前，客户或产品经理会提出对网页视觉风格设计的期望：活跃、大气、稳重、信赖、都市化……设计师听到关键词时或许很自然地就在心中选出几个配色与"关键词"相匹配了。网页的色彩，是访问者登录页面时的第一印象，好的页面色彩能给用户留下深刻

的印象，并且能产生很好的视觉效果和营造网站整体氛围的作用。

色彩是人们接触事物的第一直观认知，在浏览一个新的网页时，第一认知的不是页面的具体结构和信息内容，而是页面色彩搭配的视觉效果。色彩对于每个人、地域或国家都有不同的情感认知和联想意义，从某种程度看，大多数人对色彩认知和联想是一致的，如红色，人们感觉得喜庆，热闹，再具体到事物会联想到红心桃、草莓等。下面简单介绍色彩的情感联想。

（1）色彩的情感联想

色彩的情感联想，主要从具体联想和抽象联想两个维度划分。

色彩的情感联想是人们对事物的不断积累和认知，了解这些不但对网页设计有帮助，还对市场营销有帮助。例如，设计一个环保教育类网站，"环保教育"首先联想到生命、自然、绿色生态，而这些联想的事物共同色系是绿色，如果网站采用人们已认知的色彩会让人们在初次访问网站时对网站的主题产生共鸣和信赖感。

设计师开始视觉设计的前期流程如图 2-1 所示。

色相	具体联想 →	抽象联想 →
红色：	苹果、红旗、火、玫瑰、圣诞老人、血……	热情、权利、革命、危险、兴奋、性感……
橙色：	橘子、霞光、柿子、枫叶……	秋天、活跃、新鲜的、愉快的、能量的、食欲……
黄色：	向日葵、小鸡、金、柠檬、香蕉……	希望、幸福、乐观、嫉妒、注意、吵闹的、背叛……
绿色：	草、蔬菜、嫩叶、玉、树林……	和平、年轻、儿童、希望、安全感、生命力、自然……
蓝色：	大海、蓝天、牛仔裤……	信用、依赖、诚信、理性、冷静、冷漠……
紫色：	紫罗兰、茄子、葡萄……	贵族的、优雅的、神秘的、魔术……
白色：	白鸽、大米、护士、天鹅……	和平、朴素、纯洁、空旷的……
黑色：	黑夜、墨水、黑板、煤炭……	死亡、黑暗、恐怖的、现代……

图2-1 视觉设计的前期流程

如果视觉设计师忽视前期的工作，网站最后视觉设计输出或许会与客户期望存在出入的风险。所以视觉设计师需要先了解和参与网站的定位、目标用户、内容规划的基础上才能更好地把握页面的视觉设计。

（2）各类网站的色彩应用

网站的类型很多，按照分类，其各自的目的和侧重点不同，对用户的情感诉求心理也会不同，如图 2-2 所示。下面介绍不同类型网站中色彩在网页上的应用。

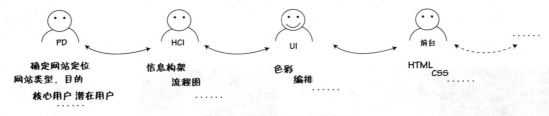

图2-2 色彩在网页上的应用

1）门户类：其主要需求是如何方便用户在堆砌的信息中有效、快速进行目标选择，页面色彩可倾向于清爽、简洁。

目前，各大门户网站采用清爽简洁的浅色调来降低信息快速获取时的视觉干扰。同性质的同类网站主要是沿用自己公司主色系或 LOGO 来作区分，便于用户对品牌的识别。

2）产品类：主要需求是展示产品的特性，促进浏览者消费欲望，页面色彩可根据具体产品定位做多样化设计。

细化产品具体定位，如手机等高科技电子产品，其简洁灰白色调给网站带来科技感和现代感，如图 2-3 所示。

图2-3　细化产品具体定位

图2-3　细化产品具体定位（续）

3）社区类：主要需求是简单易用，具有长时间使用的舒适度，页面色彩也倾向于清爽、简洁。

主要以分享、交流信息为主的社区网，具有门户网站信息获取性质，所以页面色彩要求简洁清爽。但各社区网又各自有其核心目标用户群，所以页面色彩带有各自的特点。例如，校友网核心用户是在校学生，页面顶端上的 Banner 运用活泼色调来渲染青春朝气的氛围，如图 2-4 所示。

图2-4　校友网

4）公司、企业类：展示企业形象，加深提高品牌印象，可应用 LOGO 的主色系设计，达到品牌统一，如图 2-5 所示。

图2-5　公司、企业类

5）电子商务类：其目的在于满足客户方便快捷地查看商品和进行交易的同时，运用暖色调渲染气氛，让客户感受到网站整体的活跃氛围和愉悦感，如图2-6所示。

图2-6　电子商务类

当然，黑色调的电子商务网站同样给人时尚、炫酷的潮流感，如图2-7所示。

图2-7　黑色调网站

6）个人类：满足用户的自我个性展示和驾驭能力的需求，页面色彩设计更是多样化和个性化。现在有很多网站设置了换肤、自定义装扮等功能来满足用户需求，如个人空间、博客、社区等，门户类网站也开始满足用户的色彩喜好设置护肤。所以各类网站的色彩应用没有固定的模式，以按自身定位来灵活设计网页色彩，如图 2-8 所示。

图2-8　个人类

7）其他类：如工具类、活动类等，这里不一一展开，原理同上。

引导问题 3　请尝试分析图 2-9 所示网页的配色方案是否合理。

图2-9　分析配色方案

图2-9　分析配色方案（续）

 小贴士：网页中的各种色彩模式解读

1．RGB 颜色模式

这是 Photoshop 软件中最常用的模式，也被称为真彩色模式。在 RGB 模式下显示的图像质量最高。因此成为了 Photoshop 的默认模式，并且 Photoshop 中的许多效果都需在 RGB 模式下才可以生效。RGB 颜色模式主要是由 R（红）、G（绿）、B（蓝）3 种基本色相加进行配色，并组成了红、绿、蓝 3 种颜色通道，每个颜色通道包含了 8 位颜色信息，每一个信息是用 0～255 的亮度值来表示，因此这 3 个通道可以组合产生 1670 多万种不同的颜色。所以在打印图像时，不能打印 RGB 模式的图像，这时需要将 RGB 模式下的图像更改为 CMYK 模式。如果将 RGB 模式下的图像进行转换，可能会出现丢色或偏色现象。

2．HSB 模式

HSB 模式的建立主要是基于人类感觉颜色的方式，人的眼睛并不能够分辨出 RGB 模式中各基色所占的比例，而是只能够分辨出颜色种类、饱和度和强度。HSB 颜色就是依照人眼的这种特征，形成了自身符合人类可以直接用眼睛就能分辨出来颜色的直观法，它主要是将颜色看做由色相（Hue）、饱和度（Saturation）、明亮度（Brightness）组成。在这之中，这 3 个构成要素都描述了不同的意义。比如，色相指的是由不同波长给出的不同颜色区别特征，如红色和绿色具有不同的色相值；饱和度指颜色的深浅，即单个色素的相对纯度，如红色可以分为深红、洋红、浅红等；明亮度用来表示颜色的强度，它描述的是物体反射光线的数量与吸收光线数量的比值。单击颜色功能面板右上方的横向黑三角可以从弹出式菜单中选择 HSB 滑块。需要注意的是，HSB 模式是通过 0°～360° 的角度来表示的，并不是用百分比表示，就像是一个带有颜色的大风轮，每转动一点，其颜色就根据这个圆周角度进行符合一定规律的变化。

3．CMYK 颜色模式

CMYK 是常用的一种颜色模式，当对图像进行印刷时，必须将它的颜色模式转换为 CMYK 模式。因此，此模式主要应用于工业印刷方面。CMYK 模式主要是由 C（青）、M（洋红）、Y（黄）、K（黑）4 种颜色相减而配色的。因此它也组成了青、洋红、黄、黑 4 个通道，每个通道混合构成了多种色彩。值得注意的是，在印刷时如果包含这 4 色的纯色，则必须为 100%的纯色。例如，黑色如果在印刷时不设置为纯黑，则在印刷胶片时不会发送成功，即图像无法印刷。由于在 CMYK 模式下 Photoshop 的许多滤镜效果无法使用，所以一般都使用 RGB 模式，只有在即将进行印刷时才转换成 CMYK 模式，这时的颜色可能会发生改变。

4．灰度模式

灰度模式下的图像只有灰度，而没有其他颜色。每个像素都是以 8 位或 16 位颜色表示。如果将彩色图像转换成灰度模式后，所有的颜色将被不同的灰度所代替。

5．位图模式

位图模式是用黑色和白色来表现图像的，不包含灰度和其他颜色，因此它也被称为黑白图像。如果将一幅图像转换成位图模式，应首先将其转换成灰度模式。

6．双色调模式

前面已经提过，在打印时都要用到 CMYK 模式，即四色模式，但有时图像中只包含两种色彩及其所搭配的颜色，因此为了节约成本，可以使用双色调模式。

7．Lab 颜色模式

Lab 颜色模式是 Photoshop 的内置模式，也是所有模式中色彩范围最广的一种模式，所以在进行 RGB 与 CMYK 模式的转换时，系统内部会先转换成 Lab 模式，再转换成 CMYK 颜色模式。但一般情况下，很少用到 Lab 颜色模式。Lab 模式是以亮度（L）、a（由绿到红）、b（由蓝到黄）3 个通道构成的。其中，a 和 b 的取值范围都是-120~120。如果将一幅 RGB 颜色模式的图像转换成 Lab 颜色模式，大体上不会有太大的变化，但会比 RGB 颜色更清晰。

8．多通道模式

当在 RGB、CMYK、Lab 颜色模式的图像中删除了某一个颜色通道时，该图像就会转换为多通道模式。一般情况下，多通道模式用于处理特殊打印。它的每个通道都为 256 级灰度通道。

9．索引颜色模式

这种颜色模式主要用于多媒体的动画以及网页上。它主要是通过一个颜色表存放其所有的颜色，当使用者在查找某一个颜色时，如果颜色表中没有，那么其程序会自动为其选出一个接近的颜色或者是模拟此颜色，不过需要提及的一点是它只支持单通道图像（8 位/像素）。

需要注意的是，在 Photoshop 中的拾色器，可以允许使用者能够在一个界面上同时看到 4 种颜色模式的颜色值，它们所代表的是每一种颜色都有 4 种表达方式，只要其中任意模式的颜色值有过修改，其颜色的创建都会受到影响。

◉ 学习活动 2　网页页面设计大小的规范

学习目标

掌握网页页面设计大的的规范。
掌握不同分辨率在浏览器中显示的效果。
建议学时：6 学时。

学习过程

 引导问题 1　主流网页设计尺寸

许多网页在进行网页布局设计时，关于界面网页的宽度尺寸设计往往比较迷茫，800 像素×600 像素尺寸及 1024 像素×768 像素尺寸的分辨率，网页应该设计为多少像素才合适呢？下面介绍网页设计的标准尺寸。

（1）网页设计标准尺寸

1）800 像素×600 像素下，网页宽度保持在 778 像素以内，就不会出现水平滚动条，高度则视版面和内容决定。

2）1024 像素×768 像素下，网页宽度保持在 1002 像素以内，如果满框显示，高度在 612～615 之间，就不会出现水平滚动条和垂直滚动条。

3）在 Photoshop 软件里面做网页可以在 800 像素×600 像素状态下显示全屏，且页面的下方又不会出现滚动条，则要求尺寸为 740 像素×560 像素左右。

4）在 Photoshop 里做的图到了网上就不一样了，比如颜色等方面，因为 Web 上面只用到 256WEB 安全色，而 Photoshop 中的 RGB 模式或者 CMYK 模式以及 LAB 或者 HSB 的色域很宽，颜色范围很广，所以会有失色的现象。

页面标准按 800 像素×600 像素分辨率制作，实际尺寸为 778 像素×434 像素，页面长度原则上不超过 3 屏，宽度不超过 1 屏，每个标准页面为 A4 幅面大小，全尺寸 Banner 为 468 像素×60 像素，半尺寸 Banner 为 234 像素×60 像素，小尺寸 Banner 为 88 像素×31 像素，其他尺寸 120 像素×90 像素，120 像素×60 像素也是小图标的标准尺寸。每个非首页静态页面含图片字节不超过 60KB，全尺寸 Banner 不超过 14KB。

（2）标准网页广告尺寸规格

1）120 像素×120 像素，适用于产品或新闻照片展示。

2）120 像素×60 像素，主要用于做 LOGO 时使用。

3）120 像素×90 像素，主要用于产品演示或大型 LOGO。

4）125 像素×125 像素，适用于表现照片效果的图像广告。

5）234 像素×60 像素，适用于框架或左右形式主页的广告链接。

6）392 像素×72 像素，适用于有较多图片展示的广告条，用于页眉或页脚。

7）468 像素×60 像素，是应用最为广泛的广告条尺寸，用于页眉或页脚。

8）88 像素×31 像素，主要用于网页链接，或网站小型 LOGO。

（3）网页中的广告尺寸

1）首页右上，尺寸 120 像素×60 像素。

2）首页顶部通栏，尺寸 468 像素×60 像素。

3）首页顶部通栏，尺寸 760 像素×60 像素。

4）首页中部通栏，尺寸 580 像素×60 像素。

5）内页顶部通栏，尺寸 468 像素×60 像素。

6）内页顶部通栏，尺寸 760 像素×60 像素。

7）内页左上，尺寸 150 像素×60 像素或 300 像素×300 像素。

8）下载地址页面，尺寸 560 像素×60 像素或 468 像素×60 像素。

9）内页底部通栏，尺寸 760 像素×60 像素。

10）左漂浮，尺寸 80 像素×80 像素或 100 像素×100 像素。

11）右漂浮，尺寸 80 像素×80 像素或 100 像素×100 像素。

学习活动 3　设计艺术团网页效果图

学习目标

1．掌握小组合作完成艺术团网页效果图设计需求分析单。

2．掌握小组合作完成艺术团网页效果图设计流程图。

3．掌握网页 Banner 的制作。

建议学时：18 学时。

学习过程

 引导问题 1　请小组合作填写表 2-1 的需求分析单。

表 2-1　艺术团网页效果图设计需求分析单

编号：　　　　　　　　　　新客户：　　　　　　　　老客户修改：

业务部门		业 务 员		联系方式	
网站类型					
客户名称					
联 系 人		联系电话		联系传真	
地　　址		电子邮件			
接收日期		预计完成日期			
效果图交付方式	电子版： 打印版： 网络版：				
资料清单					
客户需求说明					
备注					

　　　　　　　　　　　　　　　　　制作人签名：＿＿＿＿＿＿＿　　客户签名：＿＿＿＿＿＿＿

　　在填写需求分析单时，你与客户沟通交流顺利吗？请按提示记录（提示：客户的表达你明白了吗？客户的要求能初步达到吗？与客户交流的整个过程气氛怎么样？客户的性格是怎样的？）

＿＿

＿＿

＿＿

　　与客户沟通交流时，请用简洁的语言，对公司自身条件分析、现有的实力和以往的业绩、发展方向等作概述。

＿＿

＿＿

＿＿

　　请向公司业务部做项目的登记，见表 2-2。

表 2-2　项目登记表

客户名称	项目名称	价格	接受时间	交付时间	网页设计师

　　请简略归纳一下，自己在目前已具备了哪些知识？（提示：可从学习目标、掌握的技能和职业素养等方面作归纳）

_____

_____

_____

　　评价一下自己或小组成员在接受任务时，注意培养以下职业素养了吗？请填写表 2-3。

表 2-3　项目信息采集活动评价表

项目内容	要　　求
与用户交流	1. 是否充分听取用户的意见 　　□ 是　　　　□ 否 2. 记录的信息是否完整合理 　　□ 是　　　　□ 否
收集资料	是否整理，能否作为学习材料 　　□ 整理　　　□ 学习材料
网页美化工具应用	是否熟练制作，效果达标 　　□ 是　　　□ 否　　　□ 一般
代表讲解	语言表达能力（清晰、生动） 　　□ 好　　　□ 一般　　　□ 有待提高
建议	
教师评定	

引导问题 2　明确前期准备工作

　　"工欲善其事必先利其器""兵马未动，粮草先行""磨刀不误砍柴工"，这些至理名言都说明了要办成一件事，不一定要立即着手，而是先要进行一些筹划、进行可行性论证和步骤安排，做好充分准备，创造有利条件，这样会大大提高办事效率。

　　请根据客户需求，使用规范流程图图标为本任务制订出一个合理的设计流程方案，填写表 2-4（提示：需根据客户需求，符合实际情况）。

表 2-4　艺术团网页效果图设计流程

　　你能指出任务一和任务二在设计流程上有什么不同吗？为什么要这样设计？

_____

_____

_____

你是如何从客户给予的众多图片中筛选适合的图片的？（提示：可从文件格式、主题、拍摄质量、风格等方面叙述）

_____

_____

_____

要成为一名合格的网页设计师，需要熟悉行业的一些标准，而这些标准都需要遵守。

 引导问题 3　制作网页元素。

只是制作一些小型 LOGO，已经不能满足自己的工作要求，设计一些属于自己的创作广告。在这个任务里，正好能发挥个人所长。

小组进行工作安排，填写表 2-5。

表 2-5　小组工作安排

客户	
网页设计师	
素材收集	
讲解	
组长	

你了解网站的分类吗？写出网站的类别，找出相应实例并记录在表 2-6 中。

表 2-6　网站分类

类　　别	实例（网址）

查询与收集

如图 2-10 所示，请欣赏国内外较著名的网页 Banner。

a）引导网页制作网的Banner

b）汶川地震救灾的Banner

c）中国电信

d）柿子网Banner

e）惠普Banner

图2-10　网页Banner

什么是网页 Banner？网页 Banner 有什么用？

_____

_____

_____

 小贴士

网页广告的标准规范，见表 2-7。

表 2-7　网页广告标准规范

Banner 的标准尺寸	按钮广告（Button）
横幅广告（Banner） 文件大小：gif:14KB/swf:16KB 广告尺寸：468 像素×60 像素 广告位置：页面顶部	文件大小：gif:6KB/swf:8KB 广告尺寸：170 像素×60 像素/120 像素×60 像素 广告位置：第一屏 第二屏 备注：触发式 LOGO，弹出图片尺寸为 160 像素×160 像素文件大小 gif:9KB/swf:12KB
弹出窗口广告（Pop up）	通栏广告（Full collumn）
文件大小：gif:18KB/swf:20KB 广告尺寸：360 像素×300 像素 广告位置：第一屏	文件大小：gif:20KB/swf:25KB 广告尺寸：770 像素×100 像素 广告位置：第一屏 第二屏
流媒体（Flash layer）	画中画（PIP）
文件大小：swf:25KB 广告尺寸：200 像素×150 像素 广告位置：第一屏 形式：浏览打开页面，该广告放映 8s 后消失	文件大小：gif:20KB/swf:25KB 广告尺寸：360 像素×300 像素 广告位置：新闻最终页面
浮动标识（Float box）	全屏收缩广告 （Full screen）
文件大小：gif/swf/flash<8KB 广告尺寸：80 像素×80 像素 广告位置：第一屏右侧	文件大小：gif:20KB 广告尺寸：750 像素×550 像素 广告位置：第一屏 形式：打开浏览页面前该广告以全屏形式出现 3～5s，随后消失
擎天柱（Sky-scraper）	视频广告
文件大小：gif:15KB/swf:17KB 广告尺寸：130 像素×200 像素 广告位置：第一屏 第二屏	文件大小：gif/swf/flash<8KB 广告尺寸：300 像素×250 像素 广告位置：第一屏两侧
文字链接（Text link）	
规格：不超过 10 个汉字 广告位置：第一屏 第二屏 备注:文字链接长度以不折行为准	

小贴士

用 Photoshop 软件制作网页 Banner 的准备过程及建议：

（1）了解网站的 Banner 和 LOGO。Banner 指网站的横幅、旗帜，LOGO 指网站的标志。

（2）欣赏一些网站的横幅（Banner）。

（3）网站的 Banner 应该醒目，由文字和图片组合而成，能够很直接地反映出本网站的主题内容。

（4）一般网站的 Banner 是由图片组成的，所以可以使用 Photoshop 软件来制作。

（5）建议网站的 Banner 大小为 760 像素宽、120 像素高。推荐 Banner 的尺寸大小：760 像素×120 像素，760 像素×200 像素。

小贴士（案例）

准备制作如图 2-11 所示的横幅。

图2-11　准备制作的横幅

（1）在 Photoshop 中建立一个 760 像素×120 像素的图片，如图 2-12 所示。需要用到的素材，如图 2-13 所示。

图2-12　创建图片

83

图2-13　需要用到的素材

（2）利用编辑菜单中的"自由变换"命令让蓝天白云的图片铺满整个背景，如图 2-14 所示。

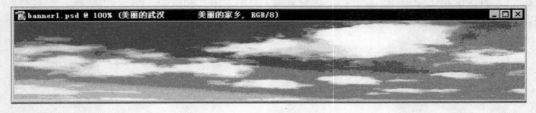

图2-14　"自由变换"命令

（3）利用"自由变换"命令将长江大桥的图片放到右边，如图 2-15 所示。

图2-15　放置图片

（4）利用"快速蒙版"命令将长江大桥的图片融入背景，如图 2-16 所示。
（5）利用同样的方法制作出左边的黄鹤楼，如图 2-17 所示。

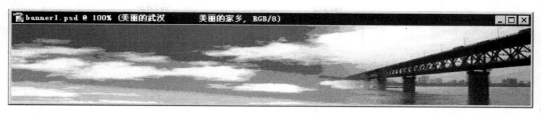

图2-16　"快速蒙版"命令

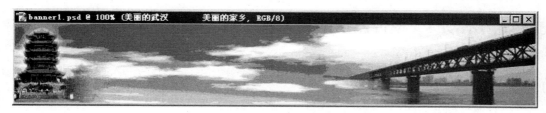

图2-17　制作"黄鹤楼"

（6）利用前面已经学习过的"抠图"方法，也可以使用"魔术棒"工具，将鹤的图片制作进来，如图 2-18 所示。

图2-18　制作"鹤"

（7）使用<Ctrl+D>组合键取消选区框。

（8）用移动工具调整好鹤的位置，如图 2-19 所示。

图2-19　调整位置

（9）为图层增加"外发光"的效果。

（10）增加文字，如图 2-20 所示。给文字层增加"描边"和"投影"的效果，如图 2-21 所示。

图2-20　增加文字

图2-21 增加效果

（11）最后保存图片，同时"存储为"JPG 格式的图片。

学习活动 4 整合艺术团网页效果图

学习目标

1. 掌握绘制艺术团网页效果图草图。
2. 能理解常见的布局结构。
3. 掌握验收并交付项目。

建议学时：12 学时。

学习过程

 引导问题 1 整合艺术团网页效果图。

养成画草图的习惯，可以帮助你快速构思整个框架，形成框架的雏形是实施的第一步。在表 2-8 中画草图（整合整个艺术团网页，尽量结合绘制图形进行）。

表 2-8 艺术团网页效果图草图

把绘制好的网页草图交给客户查看，并向客户说明这样布局的优点，记录在表 2-9 中。

表 2-9　网页草图

优点： 客户要求修改的地方： 客户是否通过草图方案？　　是 　　　　　　　　　　　　　　否

在整个效果图的设计过程中，你遇到了什么困难吗？如何解决？

___

___

___

 小贴士

以下知识你知道吗？

常见的布局结构如图 2-22 所示，有"同""厂""国""匡""三""川"等字形布局。

a）"同"字形布局

图2-22　网页常见布局

b)"厂"字形布局

c)"国"字形布局

图2-22 网页常见布局（续）

d）"匡"字形布局

e）"三"字形布局

图2-22　网页常见布局（续）

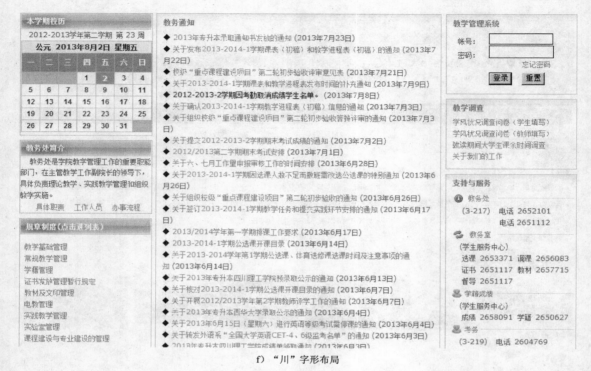

f)"川"字形布局

图2-22 网页常见布局（续）

（1）"同"字形布局：整个页面布局类似"同"字，页面顶部是主导航栏，下面左右两侧是二级导航条、登录区、搜索区等，中间是主内容区，如图 2-23a 所示。

（2）"厂"字形布局：整个页面布局类似"厂"字，页面顶部和左部都可以是主导航栏，右下面是主内容区，如图 2-23b 所示。

（3）"国"字形布局：它是在"同"字形布局上演化而来的，在保留"同"字形的同时，在页面的下方增加一横条状的菜单或广告，如图 2-23c 所示。

（4）"匡"字形布局：这种布局结构去掉了"国"字形布局右边的边框部分，给主内容区释放了更多空间，内容虽看起来比较多，但布局整齐又不过于拥挤，适合一些下载类和贺卡类网站使用，如图 2-23d 所示。

（5）"三"字形布局：一般应用在简洁明快的艺术性网页布局中。这种布局一般采用简单的图片和线条代替拥挤的文字，给浏览者以强烈的视觉冲击，如图 2-23e 所示。

（6）"川"字形布局：整个页面在垂直方向分为 3 列，网站的内容按栏目分布在这 3 列中，最大限度地突出主页的索引功能，一般适用在栏目较多的网站里，如图 2-23f 所示。

在实际设计中不要局限于以上几种布局格式，有时稍作适当的变化会收到意想不到的效果。另外，平时在浏览网页时要多留心别人的布局方式，遇到好的布局就可以保存下来作为设计布局的参考。

引导问题2　通过网络，你能发现一些有代表性的布局结构网站吗？请填写在表2-10中。

表2-10　代表性网站记录

网站地址	布局类型
1.	
2.	
3.	
4.	
5.	

 引导问题3　验收并交付项目。

在协议的日期内，艺术团网页效果图终于完成了，客户也迫不及待地想看到成果。小王带着打印出来的效果图，满怀信心地来到了客户办公室。

项目交付验收单，填写表2-11。

表2-11　项目交付验收单

项目名称	接受/完成时间	验收是否满意	审核人签名	网页设计师签名

在交付过程中，你是如何介绍本效果图的？（提示：可从你的构思、设计步骤、团队合作、成本控制、遇到问题及售后服务等进行介绍）

_____

_____

_____

任务顺利完成后，需向公司业务部提交完成票据，并填写相关表格，见表2-12。

表2-12　填写表格

客户名称	项目名称	实收价钱	完成时间	票据	网页设计师

综合评价

1）进行自我评价，填写表 2-13。

表 2-13　自我综合表现评价

班 级：＿＿＿＿＿＿　　姓名：＿＿＿＿＿＿　　日期：＿＿＿＿＿

项　　目	自我评价	
	1～10	表　　述
兴趣		
任务明确程度		
学习主动性		
承担工作表现		
展示方法		
协作精神		
时间观念		
综合评价		

注：自我评价着重于以下两方面：①自己设计的成果与用户需求进行比较；②描述其中不同之处，并对出现的差异说明原因。

2）项目方案设计评价。以项目设计流程记录和网页效果图为主要内容制作 PPT，现场演示，组织客户和评委通过设计标准方式对设计方案进行评价，填写表 2-14。

表 2-14　项目方案设计评价

项 目 内 容	标　　准	评分					
		5	4	3	2	1	总分
＿＿＿＿项目方案设计	需求分析充分、栏目设置合理、功能完善						
	主题鲜明，能体现网站功能						
	页面布局（排版）美观大方，有个性						
	色彩搭配合理，能表现主题，特色鲜明						
	网页的标题简洁、明确						
	内容健康、正确、合法						
建议							
教师评定							

知识拓展

你可以用 Photoshop 软件独立完成图 2-23 所示网页 Banner 了吗？

a）服装网Banner

b）艺术工作室Banner

c）茶艺网Banner

图2-23　部分网页Banner

练习

制作一个简单而专业的网站版面

（1）按<Ctrl+N>组合键打开"新建"对话框，将文档大小设置为 766 像素×700 像素，其他采用默认设置，完成后单击"确定"按钮。选择工具箱中"矩形工具"，绘制一个满画布的矩形，然后使用图层样式制作出如图 2-24 所示的背景效果。

图2-24　背景效果

（2）选择菜单"图层图层样式渐变叠加"命令，打开"图层样式"对话框，按如图 2-25 所示设置渐变叠加选项。其中，渐变色的设置如图 2-26 所示。

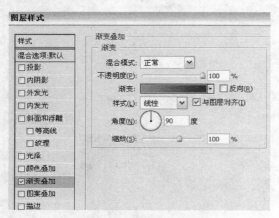

图2-25　设置渐变叠加选项

图2-26　渐变色的设置

（3）选择工具箱中的"钢笔"工具，确认选项栏中按下的是"形状图层"按钮，按图 2-27 所示绘制 20 条三角形的光线形状。

（4）取消选择路径后的效果如图 2-28 所示。

图2-27　绘制三角形光线

图2-28　取消选择路径

（5）设置光线形状。先在"图层样式"对话框中设置颜色叠加选项，如图 2-29 所示。

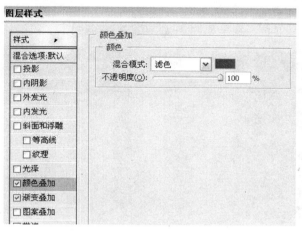

图2-29　颜色叠加

（6）柔光设置。为了方便，将所有这些光线形状图层合并为一个组，然后将该组的混合模式修改为"柔光"，效果如图 2-30 所示。

（7）选择工具箱中的"画笔"工具，然后在"画笔"面板中单击右上角小箭头，在弹出菜单中选择 "载入画笔"命令，如图 2-31 所示。

图2-30　柔光设置

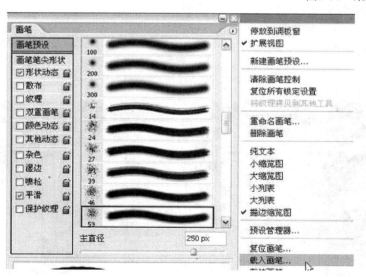

图2-31　"画笔"对话框

（8）载入画笔后，创建一个新的图层，将前景色设置为白色，使用合适大小的画笔在该图层中绘制出如图 2-32 所示的形状。

（9）使用"矩形"工具，画出如图 2-33 所示的白色网站面板。

图2-32 创建图层

图2-33 白色网站面板

（10）为该图层应用如图 2-34 所示的"投影"图层样式。使用"矩形"工具，再创建一个新的形状图层，颜色值为 4A4A4A，如图 2-35 所示。

（11）再次使用"矩形"工具，绘制出如图 2-36 所示的形状图层。

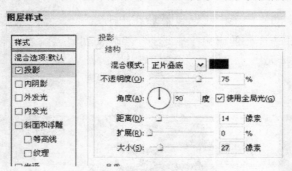
图2-34 "图层样式"对话框

图2-35 设置颜色值

图2-36 形状图层

（12）渐变设置。"渐变叠加"图层样式的选项如图 2-37 所示。其中，渐变色的具体设置如图 2-38 所示。

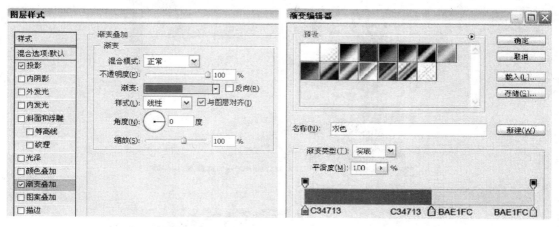

图2-37 "渐变叠加"选项　　　　　　　　图2-38 渐变色设置

（13）用"画笔"工具在画布上画出一些不同大小的点，颜色值分别是 C34713 和 BAE1FC，如图 2-39 所示。

图2-39 "画笔"工具

（14）选择工具箱中的"直线"工具，按如图 2-40 所示画出一条垂直的分隔线，颜色值为 646464。

（15）将分隔线复制出 3 个副本，并改变它们的位置，得到如图 2-41 所示的效果。

（16）按图 2-42 所示的字符设置输入网站的按钮文字。

（17）选择工具箱中的"自定义形状"工具，在选项栏中单击"形状"右侧的向下小箭头，在弹出窗口中单击右上角的向右小箭头，选择"全部"命令，当出现提示对话框时，单击"追加"按钮，然后从形状列表中选择如图 2-43 所示的"靶心"形状。

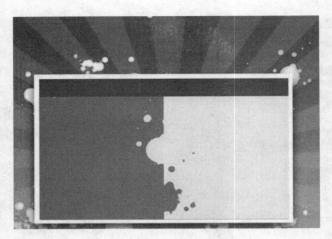

图2-40 "直线"工具

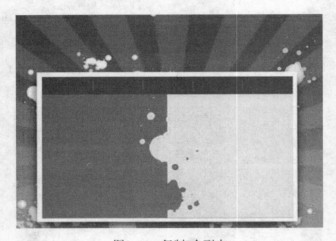

图2-41 复制3个副本

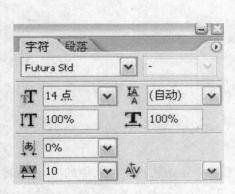

图2-42 输入字符设置

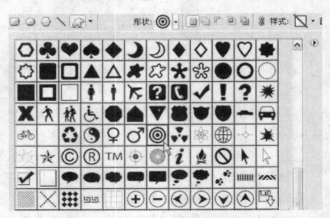

图2-43 选择"靶心"

（18）将其颜色值设置为 01C2EE，如图 2-44 所示。整体效果如图 2-45 所示。

图2-44　设置颜色　　　　　　　　　　　　　　图2-45　整体效果

（19）按如图 2-46 所示设置这些文字的选项。

图2-46　设置文字选项

完成文字设置后的整体效果如图 2-47 所示。

图2-47　整体效果

（20）如果再输入网站版面中的其他文字，这些文字都具相同的投影效果。分别按如图 2-48 所示设置字符选项。

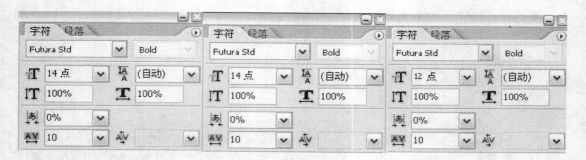

图2-48　设置字符选项

（21）文字设置完成后的效果如图 2-49 所示。

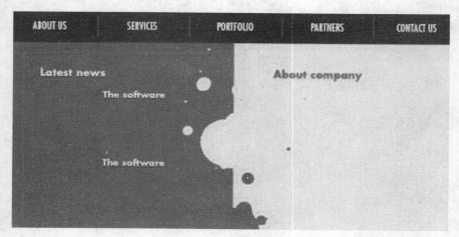

图2-49　文字设置完成后的效果

（22）添加其他大段文本。这些文本都设置"投影"图层样式，然后分别设置这些字符的格式，完成后效果如图 2-50 所示。

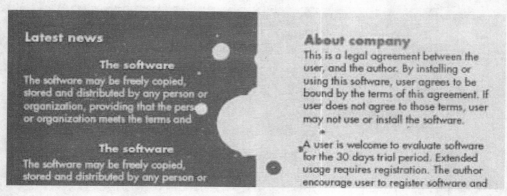

图2-50　添加文本

（23）使用"矩形"工具画出如图 2-51 所示的两个矩形，用于放置日期，其颜色值为
00A1DC。

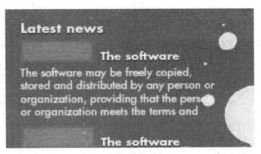

图2-51　放置日期

（24）为页面添加日期，这样，网站版面就设计完成了。最终效果如图 2-52 所示。

图2-52　最终效果

学习任务 3 淘宝店效果图设计

淘宝网是亚太最大的网络零售商圈，致力打造全球领先网络零售商圈，由阿里巴巴集团于 2003 年 5 月 10 日投资创立。淘宝网现在业务跨越 C2C（个人对个人）、B2C（商家对个人）两大部分。

网上购物为人们的生活提供了方便，在网上开店已成为热潮。小周刚毕业，跃跃欲试想开个女装淘宝店。小周现委托耀星公司为其淘宝店设计效果图。耀星公司项目主管小李找到网页设计师小王，落实本次淘宝店网页效果图设计任务，并要求在 10 天内完成。小王接到任务后，进行用户需求调研，确定网页的内容，制订具体实施计划，以保证按时按量完成淘宝店效果图设计。

针对本任务，分析如下：

● 小周刚毕业，资金有限。
● 因为是经营年轻女装，因此页面要求时尚，有潮流感。
● 网页用色上，客户若无特殊要求可以不局限于某种套色，但要注意色彩的暗示和突出作用，让人过目不忘。
● 目标消费主体大多是时尚的年轻人，因此设计时可加入网络语言。
● 精选照片，以备选用，达到吸引效果。

任 务 流 程 与 活 动

1. 使用 Photoshop 软件制作淘宝店元素。
2. 小组设计淘宝店网页效果图，并用 Photoshop 软件进行复杂的特效字的制作。
3. 小组整合淘宝店网页效果图，交付客户。

4．模拟综合案例进行操作。

学时：42 学时。

学习活动 1　制作淘宝店元素

学习目标

1．熟悉常用的网页布局形式。

2．掌握使用 Photoshop 软件制作淘宝店元素（网店装饰元素）。

建议学时：6 学时。

学习过程

引导问题 1　网页布局常见形式

网页一般有 16 种常见布局形式，如图 3-1 所示，有 4 种基本型和 12 种混合型。

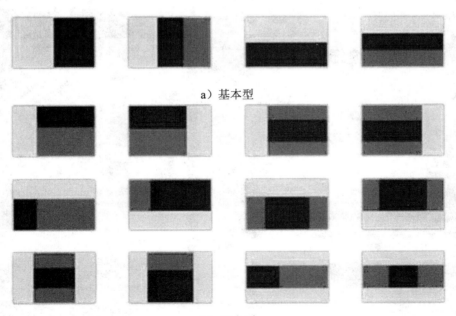

a）基本型

b）混合型

图3-1　网页常见布局

页面布局左右如果是平分时很显然就不明重心，通常的做法是一边大一边小，大小的比例一般不超过 3∶1，常选择（1.5～3）∶1 之间。在内容页的布局中比例一般都比较大，以便内容阅读更容易，但是内容的宽度也不能过宽，一般在 25～30 个汉字或是 40～45 个字母为宜。过宽或是过窄都会让阅读者产生视觉疲劳。

如果是左中右的结构，在大布局中一般不会采用三等分的布局，而在小布局中会常常使用，用等宽来表示内容是同级的或是相似的。在大布局中，随着 1024 分辨率的普及，左中右结构也可以扩展成为四栏甚至五栏。在多栏的布局中，可以使用一个大栏二到三个同宽小栏的布局方式。

如果是上下的结构，上下的比例需要考虑到第一屏的显示效果问题，一般最重要、最想让浏览者注意的要在第一屏显示出来。在大布局中的下面部分基本上是版权信息之类的内容，而上面主要是标志与导航或是 Banner，所以上、下部分所占的比例不应很大，重点应在页面的中间。

布局并不单是在图上画几条线分出几个区这么简单，需要充分考虑每个区的内容形式，比如上面所提到的文本的宽度是否适合阅读等问题就会直接影响到布局的形式。而在首页的布局上，也会有很多不同的内容来影响布局。比如，图片的分布是否过于集中，或是过于松散。还有通过等比的方式来表示内容是同级或是相似。

 引导问题 2　欣赏图 3-2 淘宝店网页截图。

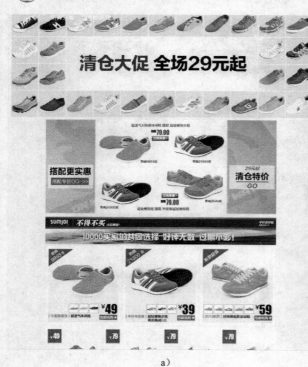

a）

b）

图3-2　某淘宝店网页

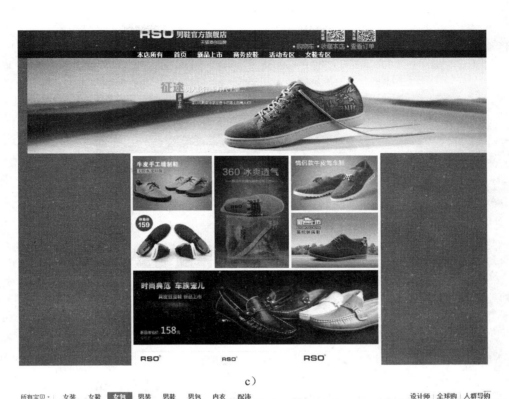

c）

d）

图 3-2 某淘宝店网页（续）

引导问题 3 分析图 3-3 所示淘宝店网页的布局形式。

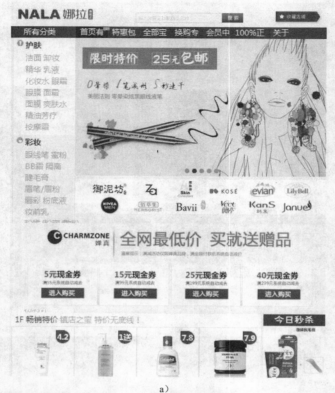

a）

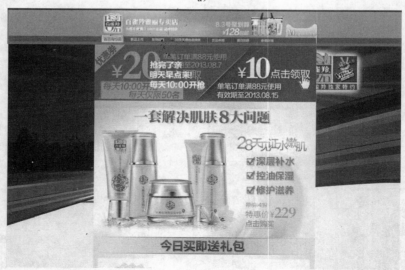

b）

图3-3 布局形式

c)　　　　　　　　　　　　　　　d)

图3-3　布局形式（续）

引导问题 4　用 Photoshop 软件制作淘宝店元素（网店装饰元素）。

学习活动 2　设计淘宝店网页效果图，进行特效字的制作

学习目标

1. 完成淘宝店效果图设计的任务。
2. 掌握使用 Photoshop 软件制作特效字。

建议学时：18 学时。

学习过程

引导问题 1　完成淘宝店效果图设计。

根据客户的具体情况，完成表 3-1。

表 3-1 淘宝店效果图设计需求分析单

编号：   新客户：   老客户修改：

业务部门		业务员		联系方式	
网站类型					
客户名称					
联系人		联系电话		联系传真	
地　　址			电子邮件		
接收日期			预计完成日期		
效果图交付方式	电子版： 打印版： 网络版：				
资料清单					
客户需求说明					
备　　注					

制作人签名：＿＿＿＿＿＿ 客户签名：＿＿＿＿＿＿

　　在填写需求分析单时，你与客户沟通交流顺利吗？请按提示记录（提示：客户的表达你明白了吗？客户的要求能初步达到吗？与客户交流的整个过程气氛怎么样？客户的性格是怎样的？）。

_____

_____

_____

　　与客户沟通交流后，请用简洁的语言概括出客户的需求。

_____

_____

_____

　　请简略归纳自己在目前所具备的知识。（提示：可从学习目标、掌握的技能，还有职业素养等方面作归纳）

_____

_____

_____

引导问题 2　明确前期准备工作。

　　根据客户需求，使用规范流程图图标为本任务制订出一个合理的设计流程方案，填写表 3-2（提示：需根据客户需求，符合实际情况）。

表 3-2　淘宝店效果图设计流程

引导问题 3   制作网页元素。

小组进行工作安排，填写表 3-3。

表 3-3   小组工作安排

客　户	
网页设计师	
素材收集	
讲　解	
组　长	

你了解商业网站的特点吗？列举相关例子，填写在表 3-4 中。

表 3-4   网站特点

地　址	特　点

查询与收集

欣赏图 3-4 所示特效字。

a）冰雪字

b）火焰字

c）层叠字

d）立体延长字

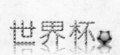

e）网格字

f）面包干字

图3-4   特效字

g）沙滩字　　　　　　h）水泥字　　　　　　i）小滴字

图3-4　特效字（续）

 小贴士（案例）

制作如图 3-5 所示特效字。

图3-5　特效字的制作

需要用到的素材，如图 3-6 所示。

a）素材1　　　　　　　　　　　　　b）素材2

图3-6　需要用到的素材

111

制作步骤：

（1）新建一个 300 像素的新文档，双击背景层解锁，填充背景层为黑色，然后输入白色文字，这里使用"You're Gone"字体，如图 3-7 所示。

图3-7　新建文档

（2）为文字层添加图层样式，选择红色颜色叠加，并设置内发光，数值如图 3-8 所示。效果如图 3-9 所示。

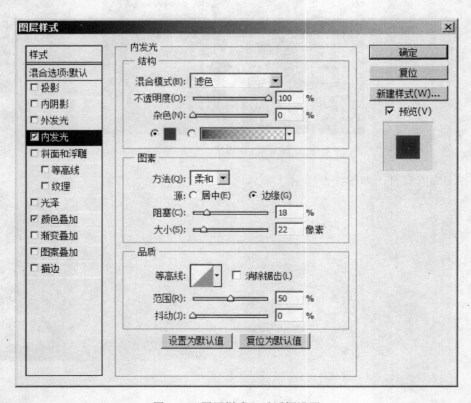

图3-8　"图层样式"对话框设置

图3-9　效果图

（3）打开素材 1，将宽度同比例缩小至 1000 像素，抠出树的主体，并定义成画笔。打开素材 2，用通道把树抠出来，打开通道面板，复制绿通道，按<Ctrl+L>组合键调出色阶面板，调整黑场如图 3-10 所示。效果如图 3-11 所示。

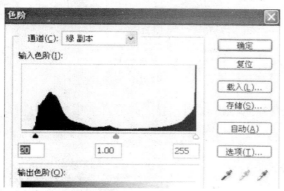

图3-10　"色阶"对话框

图3-11　效果图

（4）按<Ctrl+I>组合键反相选取，然后按住<Ctrl>键并单击绿通道副本激活选区，如图 3-12 所示。

图3-12　反相选取

113

（5）返回到图层面板，按<Ctrl+J>组合键复制一层，将背景层填充成白色，如图 3-13 所示。

（6）选择图层 1，按<Ctrl+Shift+U>组合键去色，按<Ctrl+L>组合键调出色阶面板，参数 如图 3-14 所示。

图3-13　填充背景白色　　　　　　　　　　　　图3-14　参数设置

（7）用套索工具选择左边的树，按<Ctrl+J>组合键复制一层，同样再选出右边的树，复 制一层，如图 3-15 所示。

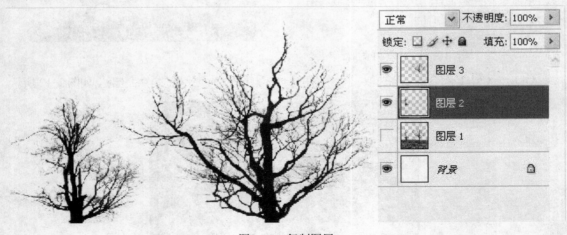

图3-15　复制图层

（8）用橡皮擦工具把地面部分擦掉，按住<Ctrl>键并单击左边的树图层，激活选区，隐 藏其他图层，执行"编辑"→"自定义画笔"预设，同样也对右边的树做同样的操作，如 图 3-16 所示。

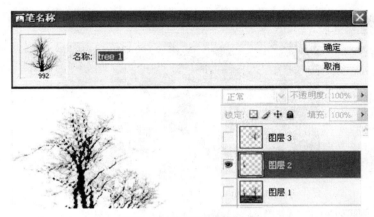

图3-16 自定义画笔预设

至此，已经做好了本文所需的 3 个画笔，如图 3-17 所示。

图3-17 完成3个画笔

（9）返回到文字文档，新建一个图层，设置前景色为白色，选择刚才制作的画笔，按<F5>键调出画笔预设面板，设置角度如图 3-18 所示。

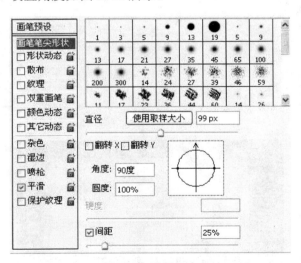

图3-18 设置角度

（10）在文字上随意画，要注意树的分杈要画在字上，如图 3-19 所示（可以随时按<F5>键调整树的角度，按"["和"]"键调整画笔的大小）。

（11）双击文字图层，进入"图层样式"对话框，取消红色颜色叠加，将内发光改成白

115

色，如图 3-20 所示。效果如图 3-21 所示。

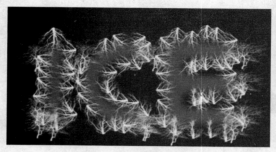

图3-19 在文字上画

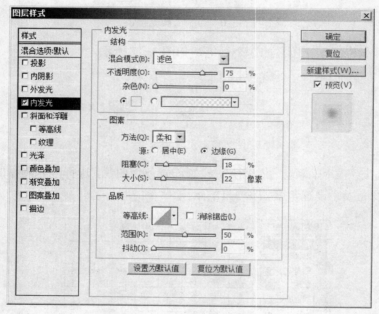

图3-20 "图层样式"对话框

图3-21 效果图

（12）按<Ctrl>键，单击文字图层，选择笔刷层，添加图层蒙板，将文字图层的填充改成25%，如图 3-22 所示。

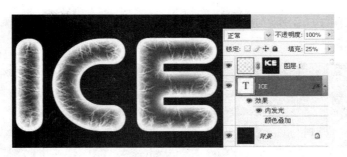

图3-22　添加图层蒙板

（13）双击文字图层，进入图层样式面板，设置内发光，添加一些杂点，如图 3-23 所示。效果如图 3-24 所示。

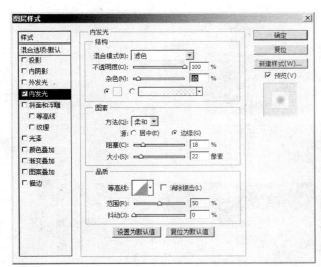

图3-23　设置选项　　　　　　　　　　图3-24　效果图

（14）复制文字层，单击鼠标右键，转换为智能对象，隐藏文字层，如图 3-25 所示。

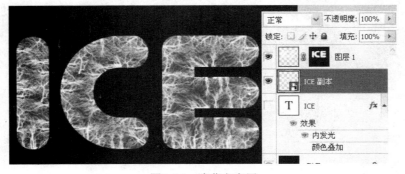

图3-25　隐藏文字层

（15）选择文字图层副本，按<Ctrl>键并单击文字图层，得到选区，执行"选择"→"修改"→"收缩"12 个像素，如图 3-26 所示。

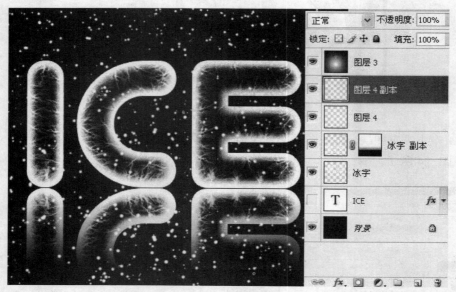

图3-26　设置图层

（16）为文字层副本添加图层蒙板，如图 3-27 所示。

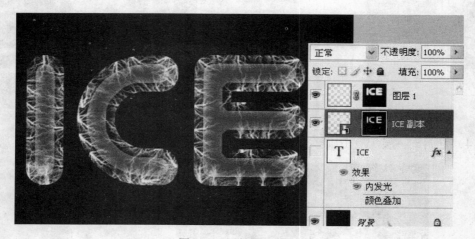

图3-27　添加图层蒙板

（17）选择文字层副本蒙板，按<Ctrl+I>组合键反相选取，执行"滤镜"→"高斯模糊"命令，半径 2.5 像素，执行"杂色"→"添加杂色"命令，数量 0.5%，如图 3-28 所示。效果如图 3-29 所示。

（18）在图层面板最上面新建一层，执行"滤镜"→"渲染"→"云彩"命令，然后按

<Ctrl+U>组合键执行色相/饱和度命令，选中"着色"复选框，数值如图 3-30 所示。效果如图 3-31 所示。

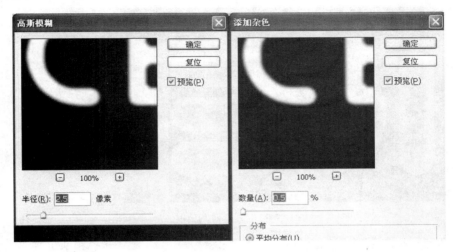

图3-28　高斯模糊与添加杂色

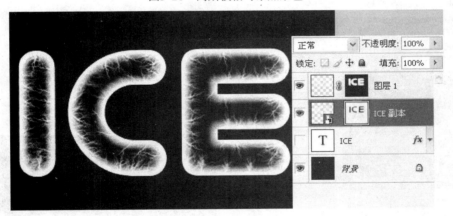

图3-29　效果图

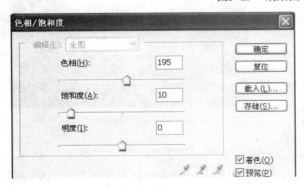

图3-30　"色相/饱和度"对话框

图3-31　效果图

（19）单击鼠标右键，创建剪贴蒙板，混合模式设置为"点光"，不透明度设置为"20%"，这一步的目的是让冰有一点点泛蓝的感觉，如图 3-32 所示。

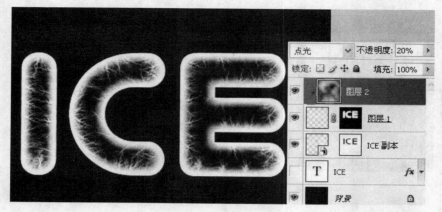

图3-32　创建剪贴蒙板

（20）新建一个图层并填充黑色，执行"滤镜"→"渲染"→"镜头光晕"命令，如图 3-33 所示。效果如图 3-34 所示。

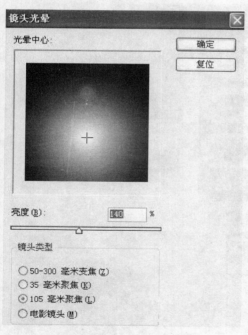

图3-33　"镜头光晕"对话框

图3-34　效果图

（21）设置镜头光晕图层混合模式为"叠加"，不透明度为"65%"，如图 3-35 所示。

（22）选择文字层副本、笔刷层、云彩层，按<Ctrl+E>组合键合并图层，将其命名为"冰字"，选择冰字图层并复制一层，执行"编辑"→"变换"→"垂直翻转"命令，如图 3-36 所示。

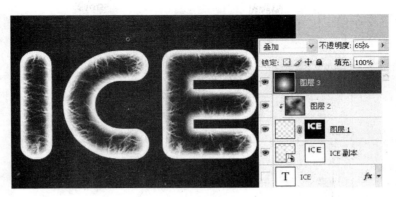

图3-35 设置光晕

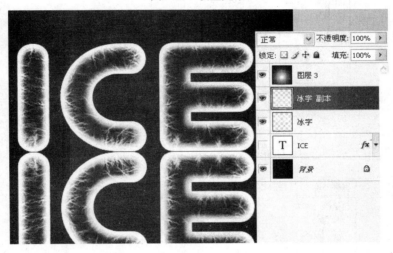

图3-36 垂直翻转

（23）选择冰字副本图层，添加图层蒙板，选择渐变填充工具，拉出一个如图 3-37 所示的渐变。

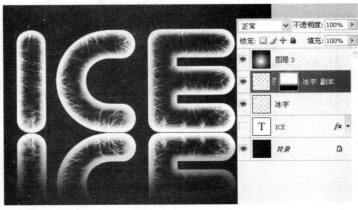

图3-37 渐变

（24）新建一个图层，选择 1 像素的画笔，设置画笔笔尖形状如图 3-38 所示。

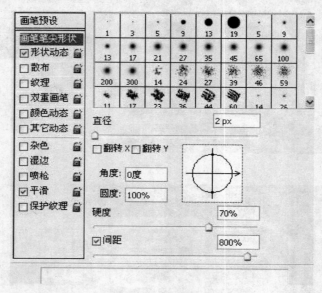

图3-38 选择画笔

（25）设置散布，如图 3-39 所示。

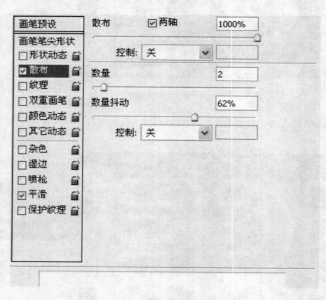

图3-39 设置散布

（26）下面制作雪花的效果，在新建的图层上画出如图 3-40 所示的效果，绘制时按住"["和"]"键调整画笔大小。

图3-40　效果图

（27）复制雪层，执行"编辑"→"变换"→"垂直翻转"命令，移动至如图 3-41 所示位置，添加图层蒙板，选择渐变填充工具，拉出一个渐变，改变图层不透明度 90%。

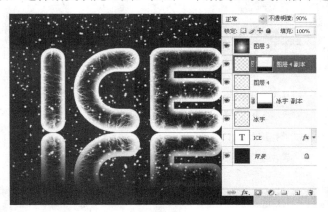

图3-41　垂直翻转

（28）选择镜头光晕图层，向下移动，如图 3-42 所示。

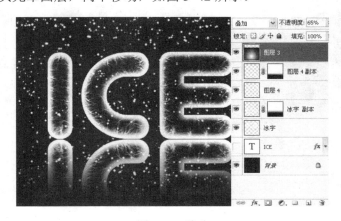

图3-42　移动

123

（29）新建一个图层，选一个软笔头的画笔，设置不透明为 100%，流量为 50%，给文字画一些积雪的效果，注意给倒影层也加一些积雪，如图 3-43 所示。

图3-43　加积雪

（30）选择镜头光晕图层，按<Ctrl+A>组合键全选，按<Ctrl+Shift+C>组合键复制合并，按<Ctrl+Shift+V>进行粘贴，按<Ctrl+J>组合键复制该图层，执行"滤镜"→"模糊"→"高斯模糊 5 像素"命令，如图 3-44 所示。

（31）改变图层混合模式为"滤色"，不透明度为 60%，如图 3-45 所示。

图3-44　高斯模糊

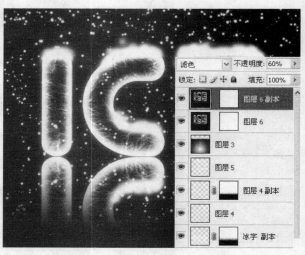

图3-45　改变图层

完成最终效果如图 3-5 所示。

学习活动 3　整合淘宝店网页效果图

学习目标

1. 掌握页面排版规范。
2. 掌握结合草图、网页元素、小组整合淘宝店效果图。
建议学时：18 学时。

学习过程

 引导问题 1　以下知识你知道吗？

1. 页面排版规范

（1）总体布局。总体要求布局平衡、页面简约、无多余空白行。页面尺寸：①1024 像素×800 像素分辨率下，页面宽度≤768 像素，推荐高度≤621 像素；②800 像素×600 像素分辨率下，页面宽度≤768 像素，推荐高度≤454 像素。

（2）文字规范

1）字体。最常用的字体有宋体、微软雅黑、黑体这 3 种形式，最常用的是宋体。因此网页中的正文文字信息，通常都运用宋体。网页中的标题文字，最好使用这 3 种字体，这样也方便切图和程序，减少工作量，也可以加快网页显示速度。

对于客户所发的文字信息，不要一味地复制到页面中，要考虑到客户所给文字信息的特点，多做一些美化工作。比如，可以换行，这样条理会清楚一些，因为没有人会喜欢看一段很枯燥的文字；也可尝试运用一些图标来标示分割，还可尝试留白分割、线条分割、颜色块分割等。

在内页正文中，如果有大标题、小标题，还有一大段落的文字，这时可以通过字号，字体颜色来有效区别出主次。大标题的字号可以是 16 像素，字体颜色是#333333，小标题的字号是 12 像素，加粗，字体颜色是#333333；段落的文字字号是 12 像素，字体颜色是#999999，这样就可以让浏览者很清楚地看到内页正文的主次了。

2）文字间距。中文段落必须有两个汉字的缩进，字间距采用默认大小，行间距为 16~20 像素即 150%左右，段落之间空一行，中文使用 12 号宋体。

3）文字布局：必须留有"天""地""左""右"，不能把版面占满。

4）文字颜色：一个页面主体颜色不超过 3 种，颜色协调，文字清晰。

5）文字长度：不要让一行或一段太长，特别是文字式网页，不妨加上明显的标题或适当的插图。即使是精彩的文章也要包装，内容上精彩形式上又能留住读者才算上乘。

（3）布局规范。一个网页，如果布局不合理不但影响浏览，而且非常难看。

保持色彩平衡，注意上下、左右的呼应；注意页面整体协调；提倡画面和文字的融合，而不是画面和文字的明显分离。

（4）栏目间距。各栏目框间距为 5～8 像素，网页设计最好采用积木式框架，方便切片。在网页中，无论是文字、图片、表格、框架一定要对齐，保持在同一水平线上或一纵线上，可利用坐标数值和参考线定位。

网页设计时保证间隙使用同样的大小或成倍的比例（1.5 倍、2 倍、3 倍）。

（5）风格统一。统一是指设计作品的整体性和一致性。设计作品的整体效果是至关重要的，在设计中切勿将各组成部分孤立分散，那样会使画面呈现出一种枝楛纷杂的凌乱效果。

网页上所有的图片、文字，包括背景颜色、区分线、字体、标题、注脚，要统一风格，贯穿全站。

（6）制作习惯。必须非常熟悉各种网站的功能，要做得非常全面，比如一个商城的网站应该有哪些内容必须非常清楚，不要等客户提出之后才补充上去，会显得自己非常不专业。

（7）不可忽视细节。客户对网站的感觉不好，多半是细节处理问题，细心地处理网页的每一个像素，力求完美。

2．图像规范

（1）图片的格式：JPG、GIF、PNG、SWF 格式。

（2）图片的字节大小：需经过处理，不超过 500KB。

（3）图片的尺寸：最好使用小图片，大的图片必须切割成小图片使用。图片大小在网站页面要有一定的比例大小，不能使原图在页面上使用比例失调及变形，这是页面用图的标准，一定得使原图按比例缩小以及放大。

（4）图片的留白：图片的边界不能留白，图片只包含有效的色彩元素。

（5）图片效果：主体图片清晰、羽化、过渡色、文字特效（描边、投影等）、图片边框等效果运用合适、表格（细线或虚线等）协调。

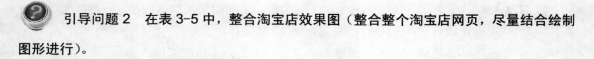 引导问题 2　在表 3-5 中，整合淘宝店效果图（整合整个淘宝店网页，尽量结合绘制图形进行）。

表 3-5　淘宝店效果图草图

请把绘制好的网页草图交给客户，并向客户解释这样布局的优点，记录在表 3-6 中。

表 3-6　记录表

优点：
客户要求修改的地方：
客户是否通过草图方案？　　是 　　　　　　　　　　　　　　否

在整个效果图的设计过程中，你遇到了什么困难吗？如何解决？

_____

_____

_____

引导问题 3　验收并交付项目。

在协议的日期内，淘宝店效果图终于完成了，客户也迫不及待地想看到成果。小王带着打印出来的效果图，满怀信心地来到了客户办公室。

项目交付验收单，见表 3-7。

表 3-7　项目交付验收单

项目名称	接受/完成时间	验收是否满意	审核人签名	网页设计师签名

在交付过程中，你是如何介绍本效果图的？（提示：可从构思、设计步骤、团队合作、成本控制、遇到问题及售后服务等方面进行介绍）

_____

_____

_____

综合评价

1）进行自我评价，填写表 3-8。

表 3-8　自我综合表现评价表

班　级：_____　　姓名：_____　　日期_____

项　目	自我评价	
	1～10	表　述
兴趣		
任务明确程度		
学习主动性		
承担工作表现		
展示方法		
协作精神		
时间观念		
综合评价		

注：自我评价着重于以下两个方面：①自己设计的成果与用户需求进行比较；②描述其中不同之处，并对出现的差异说明原因。

2）项目方案以项目设计流程记录和网页效果图为主要内容制作 PPT，现场演示，组织客户和评委通过设计标准方式对设计方案进行评价，填写表 3-9。

表 3-9　项目方案设计评价

项目内容	标　准	评　分					
		5	4	3	2	1	总分
_____项目方案设计	需求分析充分、栏目设置合理、功能完善						
	主题鲜明，能体现网站功能						
	页面布局（排版）美观大方，有个性						
	色彩搭配合理，能表现主题，特色鲜明						
	网页的标题简洁，明确						
	内容健康、正确、合法						
建议							
教师评定							

小贴士（案例）

制作一个完整的商业网页效果图步骤。

（1）选择"文件"→"新建"（<Ctrl+N>）命令，在对话框中设置参数，如图 3-46 所示。

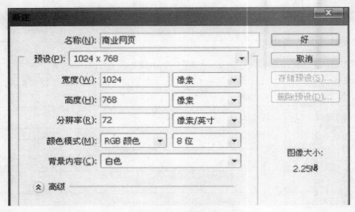

图3-46　设置参数

（2）新建一个图层，先从背景开始，首先设置好渐变的颜色（这里用红色和黑色作为背景色，颜色可以根据自己的喜好调整）。在图中按住<Shift+鼠标左键>向下作直线拉伸，如图 3-47 和图 3-48 所示。

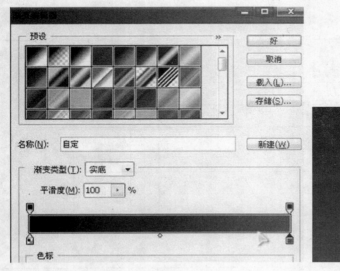

图3-47　背景色

图3-48　拉伸

（3）设置好背景颜色后，用加深和减淡工具进行编辑，带点布纹的色彩，如图 3-49 和图 3-50 所示。

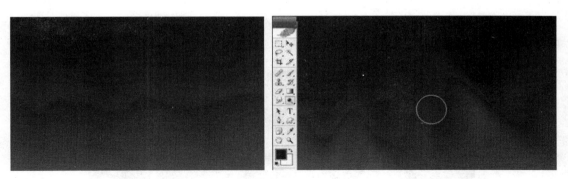

图3-49　加深　　　　　　　　　　　　图3-50　减淡

（4）再用选框工具在右上角框选出相应的范围后，按住<Ctrl+J>组合键单独复制一个图层。再对它进行样式的编辑，如图 3-51 和图 3-52 所示。

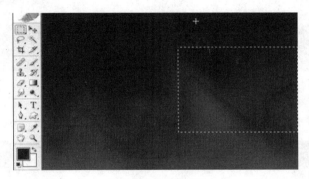

图3-51　复制图层

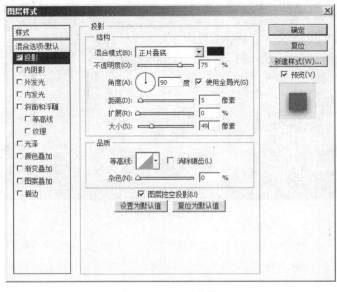

图3-52　设置参数

（5）选择图层 2，用同样的方法框选出相应的范围后，按住<Ctrl+J>组合键单独复制一个图层。再对它进行样式的编辑，如图 3-53 所示。

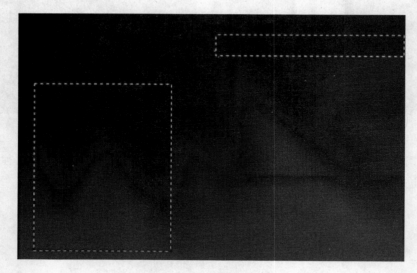

图3-53 复制图层

（6）接着开始对刚才框选编辑后的图层进行加深和减淡的处理，如图 3-54 所示。

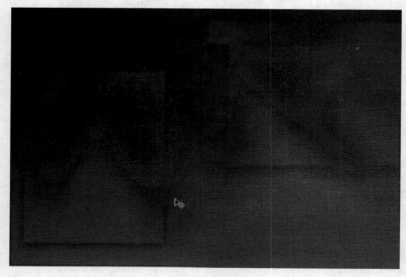

图3-54 减淡

（7）新建图层 5，对图像进行修饰，用框选工具选取适当范围，如图 3-55 所示，填充 R:255、G:2、B:252。再双击图层 5 进行样式编辑，如图 3-56 所示。再将此图层的透明度调到 40%，如图 3-57 所示。

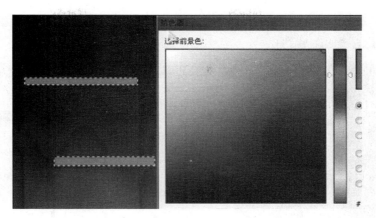

图3-55　框选

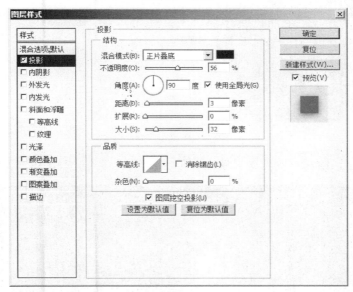

图3-56　填充颜色

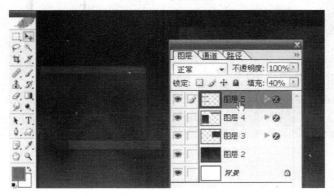

图3-57　样式编辑

（8）新建一个图层，选取范围后填充 R:255、G:2、B:252，进行样式编辑，如图 3-58 所示。再将此图层的透明度调到 0。

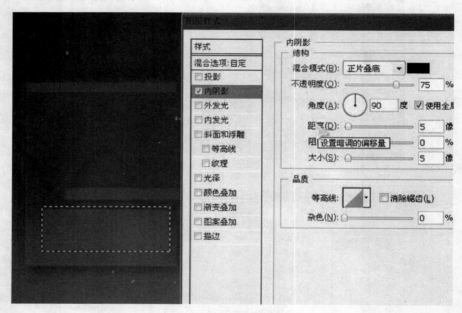

图3-58　新建图层

（9）输入文字，给网页取名"黑瞳迪吧"，相对应地输入一些字体，如图 3-59 所示。

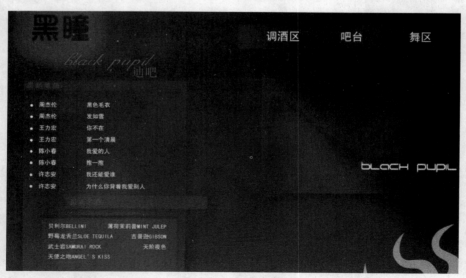

图3-59　输入文字

（10）对字体进行加工处理，对主题黑瞳进行修饰，双击图层到样式里编辑，如图 3-60 所示，将此图层的透明度调到 0。

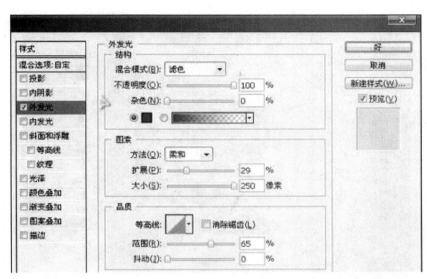

图3-60　加工文字

（11）找到相关的图片放入（要符合主题，不要随便找图片），再将图片放到样式里编辑，如图 3-61 所示。

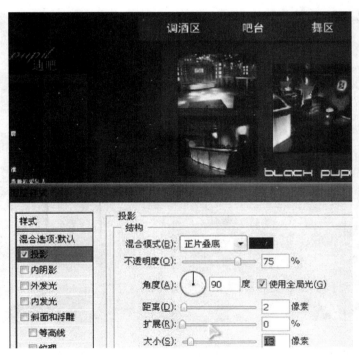

图3-61　编辑

还可以加点小修饰，如图 3-62 所示。但不要过多，可以适当的调整透明度。

135

图3-62　加修饰

最后页面效果如图 3-63 所示。

图3-63　最终效果图

常用快捷键，见表 3-10。

表 3-10　常用 Photoshop 快捷键

一、工具箱	
移动工具	\<V\>
路径选择工具、直接选取工具	\<A\>
抓手工具	\<H\>
临时使用抓手工具	空格
文字工具	\<T\>
矩形、椭圆选框工具	\<M\>
二、文件操作	
新建图形文件	\<Ctrl+N\>
打开已有的图像	\<Ctrl+O\>
关闭当前图像	\<Ctrl+W\>
保存当前图像	\<Ctrl+S\>
退出 Photoshop	\<Ctrl+Q\>
三、编辑操作	
还原/重做前一步操作	\<Ctrl+Z\>
合并复制	\<Ctrl+Shift+C\>
将剪贴板的内容粘贴到当前图形中	\<Ctrl+V\>或\<F4\>
将剪贴板的内容粘贴到选框中	\<Ctrl+Shift+V\>
自由变换	\<Ctrl+T\>
用背景色填充所选区域或整个图层	\<Ctrl+Backspace\>或\<Ctrl+Delete\>
用前景色填充所选区域或整个图层	\<Alt+Backspace\>或\<Alt+Delete\>
四、图层操作	
从对话框新建一个图层	\<Ctrl+Shift+N\>
通过复制建立一个图层（无对话框）	\<Ctrl+J\>
从对话框建立一个通过剪切的图层	\<Ctrl+Shift+Alt+J\>
与前一个图层编组	\<Ctrl+G\>
取消编组	\<Ctrl+Shift+G\>
向下合并或合并联接图层	\<Ctrl+E\>
盖印或盖印联接图层	\<Ctrl+Alt+E\>
五、选择功能	
全部选择	\<Ctrl+A\>
取消选择	\<Ctrl+D\>
反向选择	\<Ctrl+Shift+I\>
载入选区	\<Ctrl\>+点按图层、路径、通道面板中的缩略图
六、滤镜	
按上次的参数再做一次上次的滤镜	\<Ctrl+F\>
取消上次所做滤镜的效果	\<Ctrl+Shift+F\>
重复上次所做的滤镜(可调参数)	\<Ctrl+Alt+F\>

期末总评见表 3-11。

表 3-11　期末总评

评价项目	成　绩	占总评
任务 1　个人博客效果图设计		30%
任务 2　艺术团效果图设计		30%
任务 3　淘宝店效果图设计		30%
整合 3 个任务，完成课程作品		10%

总评成绩：